智能电网微电子系统测试性评价

陈晓梅 著

中国水利水电出版社
www.waterpub.com.cn

内容提要

这是一本比较全面介绍固有测试性评价相关技术的图书。书中结合智能电网的工程背景，在概述测试性评价分类及意义、测试性建模及多信号模型优势的基础上，阐述了测试性评价指标体系、多信号仿真建模、多信号模型的分层递阶系统级整合、故障空间内虚假故障分析、测试空间内测试点优化选取等内容。

本书内容翔实，深入浅出，覆盖面广泛，涉及测试性评价的前沿技术，具有很高的实用价值。本书可供电力、电子、自动化及测试与仪器仪表专业等相关专业的理论研究者和工程技术人员阅读，也可供高等院校相关专业师生参考。

图书在版编目（CIP）数据

智能电网微电子系统测试性评价 / 陈晓梅著. -- 北京 : 中国水利水电出版社, 2011.12
ISBN 978-7-5084-9395-4

Ⅰ. ①智… Ⅱ. ①陈… Ⅲ. ①智能控制－电力系统－系统测试 Ⅳ. ①TM76

中国版本图书馆CIP数据核字(2011)第281504号

书名	**智能电网微电子系统测试性评价**
作者	陈晓梅 著
出版发行	中国水利水电出版社 （北京市海淀区玉渊潭南路1号D座 100038） 网址：www.waterpub.com.cn E-mail：sales@waterpub.com.cn 电话：（010）68367658（发行部）
经售	北京科水图书销售中心（零售） 电话：（010）88383994、63202643、68545874 全国各地新华书店和相关出版物销售网点
排版	中国水利水电出版社微机排版中心
印刷	北京瑞斯通印务发展有限公司
规格	145mm×210mm 32开本 5.625印张 151千字
版次	2012年1月第1版 2012年1月第1次印刷
印数	0001—2000册
定价	**38.00**元

前言

在世界各国方兴未艾的智能电网将为21世纪带来变革性发展。智能电网将是未来电网的发展方向，可以有效解决供电可靠性、安全性和绿色低碳的问题，并越来越受到各国的关注。在可再生能源接入、智能配电、智能用电、微网系统和大容量储能等领域，各国的新技术不断涌现，呈现出蓬勃发展的态势。我国政府高度重视智能电网发展，将其上升为国家战略，推进智能电网建设。在电网智能化发展过程中，现代电子系统必将扮演越来越重要的角色。

电子产品微型化以及功能的复杂化，使得电子设备成为提高现代化装备可靠性、维修性的一个瓶颈。要解决这个瓶颈，必须借助于可测性设计，提高系统的测试性。然而，为了避免可测性设计过程中的盲目性，测试性分析和评价显得至关重要。在故障诊断之前就进行系统测试性分析，可以实现系统的测试性预测，对于故障诊断和产品的设计维护都具有重要的指导意义。目前出版的测试性专著大多是研究可测性设计，对测试性评价指标，局限于完成测试性，而在固有测试性评价方面，还未见著作出版。本书结合实际工程背景，在分析国内外测试性的最新发展基础上，针对目前测试性分析存在的若干问题，对于电子系统的测试性分析评价进行较为深入的研究。

全书共分7章。其中第1章为绪论，在未来智能电网蓬勃发展以及现代电子系统在智能电网必将广泛应用的背景下，系统阐述测试性评价的分类，研究意义，研究概况和发展趋势；并在分析现存建模方法的基础上，确定多信号模型作为电子系统的建模模型。第2章详细地从故障空间和测试空间两个角度阐述了固有测试性评价的指标体系。第3章、第4章重点阐述测试性建模方法。第3章在介绍多信号模型的基础上，详细阐述了基于自适应阈值估计的多信号仿真建模方法。第4章详细阐述分层递阶的系统级多信号模型的整合方法。第5章重点阐述故障空间内基于BNB-HSSE的虚假故障分析。第6章重点阐述测试空间内基于多属性决策的图搜索算法以及基于多目标优化遗传算法（MOGA）测试点优化选取。第7章则对未来进行展望。

作为专著，本书对于电力、电子、自动化及测试与仪器仪表专业等相关专业的理论研究者和工程技术人员以及高等院校相关专业师生具有一定的参考价值，对于今后测试性领域的深入研究以及在智能电网中的应用研究具有一定参考价值。

感谢博士期间导师在学术上的睿智引领和悉心指导，感谢“中央高校基本科研业务费专项资金”对本书的资助，感谢所有关心和支持的朋友。

出版本书，谨以作者近年的研究成果与更多的同行分享。由于作者水平所限，书中难免存在疏漏和不足，敬请同行批评指正。

作者

2011年10月

目录

第1章 绪 论

1.1 智能电网

智能电网是涉及多领域、多学科的复杂系统工程，不仅对能源开发利用和电网建设与改造有重要影响，而且对社会稳定、经济发展至关重要。作为国家战略，智能电网的发展实际上是一次中国与欧美发达国家综合实力和抢占未来低碳经济制高点的较量，也是推动中国经济可持续发展，确保未来能源安全的重大措施。

能源在过去、现在和未来始终影响和改变着人类和世界的命运。由于世界上所有国家经济社会发展对能源的依赖性，世界各国经济发展和能源地域分布的不均匀性，全球化石能源资源的有限性，地球气候变化对化石能源利用的限制性，加之全球经济一体化、地缘政治条件、各国能源战略安全和竞争态势等相关的政治经济因素，形成了当今世界围绕着能源的种种错综复杂的矛盾，而且日积月累越来越尖锐，对人类社会发展的可持续性提出了严重挑战，从而酝酿并实际已经展开着世界“绿色产业革命”，其核心为低碳经济。低碳经济实质是高能源利用效率和清洁低碳能源结构，包括经济发展模式变革、能源科技创新、制度创新、人们生活方式转变以及人类生存发展观念的根本转变，这是人类历史发展的必然，低碳经济也已纳入中国发展计划的核心。2008 年秋天以来全球金融危机更集中引发了世界能源深层次变革。在世界“绿色产业革命”的大环境下，欧美国家提出的智能电网得到世界认可，并不是因为它的称呼，而是因为它的战略构思内容符合当今能源变革的宗旨、目的并已局部证实能起到实效。

智能电网代表当今电网发展变革的最新方向。目前欧美许多国家均在积极规划推动智能电网。在欧洲，2005 年成立的“智能电网欧洲技术论坛”于 2006～2007 年发布了《欧洲智能电网技术平台：欧洲未来电网的远景和策略》、《欧洲未来电网的战略研究议程》和《欧洲未来电网发展策略》3 个重要文件，描绘了欧洲智能电网发展的路线图。2009 年 5 月 18 日，美国商务部长骆家辉与能源部长朱棣文联合宣布了美国智能电网建设的第一批标准，标志着美国智能电网建设正式起步。中国国家电网公司也于 2009 年 5 月 21 日首次向社会公布了“智能电网”的发展计划，并初步披露了其建设时间表，这标志着中国智能电网建设被正式提上议事日程。一时间，世界许多国家争相开展智能电网的建设。

智能电网指的是现代化的电力供应系统，它能够监控、保护和自动优化其内部互联元件的运行。这些互联元件包括：从集中的和分布式的发电机，通过输电、配电系统，到工业用户和楼宇自动化系统、储能装置、终端用户及其温控装置、电动汽车及电器设施等。

智能电网拥有双向流动的电力潮流和数字信息流，是高度自动化的和分布广泛的电能供应网络。它利用遍及系统的双向通信、高级传感器、电力电子装置、自动化设备和分布式计算以实时优化系统的运行和资源运用。

智能电网的意义可以归结为以下 5 点：

(1) 电能的可靠性和电能质量的提高。

(2) 电力设备、人身和网络安全方面的收益。智能电网持续地进行自我监测，及时找出可能危及其可靠性以及人身与设备安全的境况，为系统和运行提供充分的安全保障。

(3) 能源效率收益。通过引导终端用户和与电力公司互动进行需求侧管理，从而降低峰荷需求，减少能源使用总量和能量损失。智能电网的效率更高。

(4) 环境保护和可持续发展的收益。智能电网是“绿色”的。通过支持分布式可再生能源的无缝接入以及鼓励电动车辆的推广使用，可减少温室气体的排放。

(5) 直接经济效益。智能电网是电网最经济的运行方式。它可以带来的直接经济效益包括削减运行费用和提高资产利用率等。它也能振兴经济，带动众多产业发展。企业家可加快把新技术引进到电能的生产、分配、存储和应用当中去。

美国电科院在2004年对其后20年在美国实现智能电网成本所做的初步估算（以2002年美元的价值计）是：电网智能化所需追加的总成本为1650亿美元（其中输电380亿美元，配电和用户参与1270亿美元），效益为6380亿～8020亿美元，效益与投资比为4∶1～5∶1。

1.2 智能电网与现代电子系统

电网由于增加了“智能”二字而进一步加深了与电子信息产业的联系，它将给信息产业带来新的发展契机。智能电网的核心内涵是实现电网的信息化、数字化、自动化和互动化。这些特征的实现都需要电子信息技术的支持，其中包括大量现代化电子系统。

随着建设坚强智能电网的开展，迫切需要研制智能设备，使现有电气设备具有自我检测、自我诊断和自我控制功能，以适应信息化、自动化、互动化的要求，从而使之成为智能电网的一个有机组成部分。设备智能化是一种理念、一种方法、一个发展和进步的过程，其目的是使设备通过人工智能的部分或全部功能，使产品达到最佳工况。而智能化的手段则需要借助现代电子技术。

有分析人士指出，未来5年，随着智能电网部署的增长，智能电表在全球安装的数量将高达2亿块。在中国，与智能电网相关的5960亿美元经济刺激计划正在实施过程中，预计在未来3～5年内将部署1.7亿块智能电表。而在美国，政府为升级本国电网的拨款中，有一部分是用于使13%的家庭（1800万户）在未来3年之内能装上智能电表。在欧洲，意大利及瑞典已经完成先进计量基础设施（简称AMI）的部署，将所有普通电表更换为智能电表；法国、西班牙、德国和英国预计在未来10年内完成先进计量基础设施部署。从2009年开始，智能电表渐渐成为微控制器（简称MCU）业的应用热点，几大微控制器公司竞相发布新产品。不久前，飞思卡尔、ADI和NXP公司推出了新产品。电表芯片成为创新热点。可以预见，智能电表代表了其他智能化设备的发展趋势，越来越多的智能化设备最终都将终结为电子芯片和系统的设计。

1.3 现代电子系统的测试与诊断

高性能的现代综合电子系统，直接关系到许多现代化装备的可靠性、维修性。随着智能化、自动化的不断提高，智能电网必将越来越依赖于以复杂电子系统为核心的智能设备和仪表，因此，测试这些复杂电子系统，以确保其可靠性的需求也与日俱增。然而，测试是个较难解决的问题，据估计目前产品的测试问题占据电子制造商的产品成本的30%～50%。而事实上，这个比例并没有表示出许多系统的实际测试代价，因为它忽略了维修代价。一个关于快速可更换单元（简称LRU）可支持性问题的研究（作为F-22战斗机的改善测试方法的建议的一部分）表明，60%的代价都可以归结为不可测模块。

目前，微电子系统测试诊断主要采用基于外部测试设备（简称ATE）和机内测试设备（简称BIT）进行，诊断的准确性差，虚警率高。造成这种现象的主要根源在于测试问题没有解决。测试与故障诊断是不可分割、相辅相成的。测试是获取信息的途径和手段，它为故障诊断提供信息来源，而故障诊断则是针对测试得来的数据信息进行后处理，从而最终定位故障。如果不能提供故障诊断所需要的充足的信息量，则必然造成诊断难度增加，诊断正确率下降。现代电子系统必然是高科技密集型设备，微电子技术的飞速发展造成电子产品的微型化越来越剧烈，使得传统的物理接触方法所能进行的测试访问机会越来越少，从而形成测试瓶颈，使故障诊断不能获取足够的信息量，必然导致虚警率高。而解决这个瓶颈的唯一方法就是提高系统的测试性。

1.4　测试性与测试性设计

最具活力与革新性的新一代信息技术作为战略性新兴产业之一，已经成为中国“十二五”规划的发展重点。高性能集成电路系统是关系国民经济和社会发展全局的基础性、先导性和战略性新兴产业，是新一代信息技术产业发展的核心和关键。而测试性技术则是测试环节中具有深远影响力及决定性战略价值的基础技术，该领域的任何突破，都将有利于新一代信息技术产业的快速发展。对于国家安全、航天安全以及有关民用电子基础设施的安全都将具有战略性价值。

测试性的概念最早起源于美国军事领域，并随后逐渐被推广到电力、化工、液压、机械等领域的各种复杂系统。测试性定义为系统或设备能够及时并准确确定其状态（可工作、不可工作或性能降低）并隔离其内部故障的一种设计特性，是电子设备的一种重要的设计特性。测试性（Testability）这一术语是 1975 年首先由 F Liour 等人在《设备自动测试性设计》一文中提出的，随后相继应用于诊断电路设计及研究等各个领域。1985 年，美国国防部颁发了 MILD—STD—2165《电子系统及设备的测试性大纲》，该大纲把测试性作为与可靠性及维修性等同的设计要求，并规定了电子系统及设备研制阶段中应实施的测试性分析、设计与验证的要求及实施办法。MIL—STD—2165 的颁发标志着测试性已成为一门与可靠性、维修性并列的独立学科。为了与 MIL—STD 1814《综合诊断》标准相协调，并扩大应用范围，美国国防部于 1993 年颁发了 MIL—STD—2165A《系统和设备测试性大纲》取代 MIL—STD—2165。

测试性对现代化设备系统及各种复杂系统，特别是各种电子系统的可用性及寿命周期费用有着重大的影响。测试性与可靠性及维修性密切相关，对具有良好测试性的设备可以及时、快速地发现并确定其存在的故障，提高系统的任务可靠性及安全性；还可以缩短故障检测和隔离时间，进而缩短维修时间，提高系统的可用性，减少系统的使用和保障费用。测试性差的被测设备则会对自动测试系统（简称 ATS）的性能造成重要影响，使 ATS 的故障检测和隔离时间增加，甚至根本无法测试，造成 ATS 的故障覆盖率、故障检测率和故障隔离率降低。

而提高系统测试性的手段就是进行可测性设计：即采用“并行工程”的思想，在产品的设计阶段就考虑测试性，通过添加一些特殊的电路结构，从而实现方便测试的目的。只有提高电子系统的可测试性，才能从根本上解决电子系统的测试问题，并提高其诊断的准确率，降低虚警率。可测性设计的方法很多，有特定目标（可测试性）方法、结构化设计方法。而结构化设计方法主要包括基于边界扫描标准总线的方法以及机内测试方法。

采用标准化的边界扫描总线结构进行可测性设计，是当今可测性设计（简称 DFT）的主流技术。其本质是采用虚拟测试机制取代传统物理接触方法的测试访问机制，来提高原电路内部节点的可控性和可观性，从而达到方便测试的目的。将其应用于新一代电力设备的电子系统设计中，有助于新一代电子系统在设计上形成开放式系统结构，降低科研成本，缩短科研、生产周期，便于扩充和升级，产品维修和后勤保障较为方便，维修保障费用低，符合新一代电子系统的综合化、通用化、模块化要求。

参考文献［1］针对当前军事应用虚警率高，不可重现现象严重的现状，在比较评价各种可测性设计方案基础之上，提出采用递阶和结构化的设计方法和相应的测试方法。如图 1－1 所示。并推荐在板级采用 1149.1 边界扫描结构化可测性设计方法，而在系统级采用 1149.5 测试总线。另外，已经有多个成功地将边界扫描技术应用于航空航天电子系统测试的例子。参考文献［5］指出，1149.5 MTM—BUS 现在已经被美国空军“宝石柱”和“宝石台”

计划的航空电子系统体系结构所采用，为了进一步提高航空电子系统的可靠性而采用了双余度的 MTM—BUS。总线结构现在已被用于美国空军下一代 F—22 歼击机和 RAH—66 武装直升机的测试维护中。机内测试的主导思想就是将外部测试设备的功能嵌入到电子系统中，即将测试设备微型化，从而达到方便测试的目的。

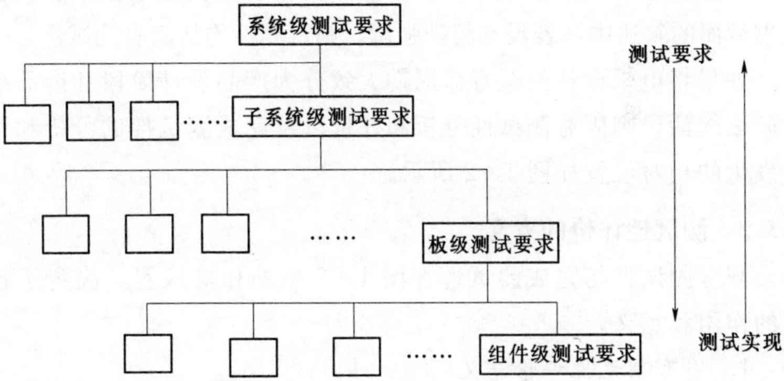

图 1-1 递阶测试结构概念框图

然而，不管是哪种可测性设计方法，仅仅解决了微型化电子系统如何进行测试的问题。换句话，可以认为可测性设计所添加的硬件单元都仅仅是一些传感器测点，却忽略了改善测试性过程中的另外一个重要问题——测试性的分析与评价。通过测试性的分析与评价，对于特定系统而言，可以确定其当前设计是否具有足够的测试性，如果不够，在那些地方应该添加新的测点，然后再评价，再改进设计，如此循环往复，才能最终得到一个测试性较好的系统。而如果没有测试性的分析和评价，则可测性设计往往带有很大的盲目性。

军工领域，特别是航空航天领域是各行业各方面高端科技的集成和综合，是一个国家科学技术水平的衡量标志。测试性在军事领域的首先应用，说明了该项技术的前沿性，而随着智能电网的发展，该项技术也必将有广泛的应用。

1.5 测试性评价的分类与意义

1.5.1 测试性评价分类

固有测试性的概念是由 Simpson 在 1990 年提出的。Simpson 指出，测试性含义包括两个层面：一是固有测试性（简称 IT），称为事前测试性；另一个是完成测试性（简称 AT），称为事后测试性。在本书后面的叙述中，若没有特殊强调，则可测性均指固有测试性。

如果将电子设备的全寿命周期大致分为产品设计阶段和产品维护阶段的话，则固有测试性分析和评价以及完成测试性的分析和评价发生的相对位置如图 1-2 所示。

1.5.2 测试性评价的意义

固有测试性与完成测试性在图 1-2 中的相对位置，决定了各自的作用和意义。

1. 固有测试性评价意义

（1）产品设计阶段。在产品的设计阶段，进行固有测试性分析和评价，可以指导和优化产品设计过程。对于原始的设计产品，对其进行固有测试性分析，可以知道哪些地方测试性比较好，哪些地方测试性比较差，从而使设计者及时发现问题，对于测试性比较差的地方采用相应的可测性设计方案，修改产品设计。可测性设计的实质是在适当的位置添加观察点或者控制点，而在哪里插入这些可测点，则要依赖于固有测试性的分析结果，从而避免可测性设计的盲目性。在设计阶段就能将测试性加以考虑，从根本上改变了传统的先设计，再测试，然后诊断，最后再修改的思路，从而大大缩短了产品的优化设计周期。同时省掉了大量测试和诊断环节，而测试环节是造成产品成本增加的重要环节，这样就可以大大削减产品成本开销。

（2）产品维护阶段。由于固有测试性的分析和评价是在故障诊断之前，所以，可以指导和优化产品维护阶段的故障诊断过程。通过固有测试性的分析和评价，可以获得故障空间和测试空间的信

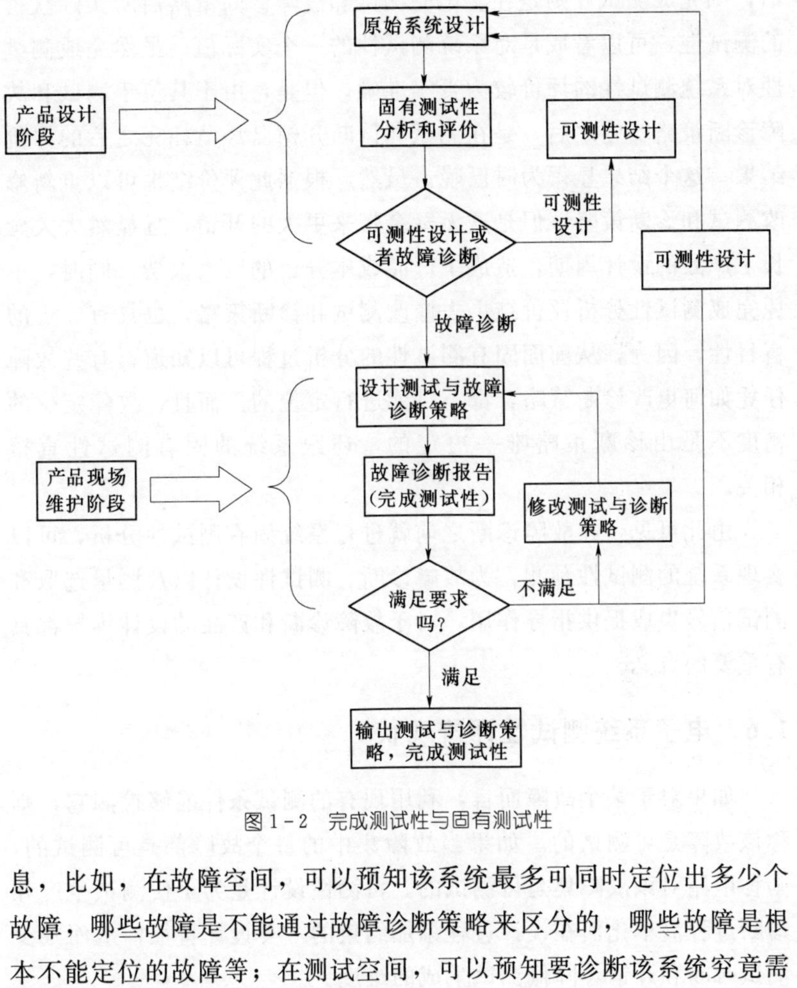

图 1-2　完成测试性与固有测试性

息，比如，在故障空间，可以预知该系统最多可同时定位出多少个故障，哪些故障是不能通过故障诊断策略来区分的，哪些故障是根本不能定位的故障等；在测试空间，可以预知要诊断该系统究竟需要多少个测试点信息，在若干个测试点信息中，选择哪些测试点能够保证要求的故障诊断率，哪些测试信息是多余的，等等。这些通过固有测试性分析和评价获得的信息对于后期的故障诊断具有重要的指导意义。

2. 完成测试性评价意义

如果把固有测试性的分析和评价看成是对系统测试性的预测的

话，则完成测试性则是在实施完测试和故障诊断策略后所实际获得的测试性，可以看成是对系统测试性的一个实际值。虽然完成测试性对系统测试性的评价较为真实准确，但是，由于其位于测试和故障诊断策略实施之后，是在测试和诊断开销已经消耗完之后的评价结果，这个结果显得为时已晚。虽然，根据此评价结果可以重新修改测试和诊断策略，但是这无疑会带来更大的开销，且显然大大延长了产品的设计周期，造成了产品成本开销的巨大浪费。同时，单凭完成测试性分析评价结果去修改测试和诊断策略，也具有一定的盲目性，因为，从前面固有测试性的分析过程可以知道，有些故障任凭如何更改诊断策略，都不可能进行定位的，而且，故障定位的精度不是由诊断策略唯一决定的，还跟系统的固有测试性直接相关。

由此可见，在故障诊断之前就进行系统固有测试性分析，可以实现系统的测试性预测，为故障诊断、测试性设计以及测量选取和测试信号生成提供指导作用，对于故障诊断和产品的设计维护都具有重要的意义。

1.6 电子系统测试性评价现状

如果对于某个故障而言，利用现有的测试条件能够检测它，则称该故障是可测试的。如果当故障集中的每个故障都是可测试的，则称电路对该故障集是可测试的。可测性设计是为了使测试生产和诊断过程简单化而在设计过程添加约束的一类设计特征，从而减少测试时间和开销，降低测试生成的难度。

电子系统属于同类系统，即组件或者子系统之间相互作用是紧密耦合在一起的。电子系统可分为数字电子系统和模拟电子系统。而这两部分由于其所处理的信号的本质上的区别，其分析和设计方法都是完全不同的，对其进行测试性分析和评价的方法也是有区别的。目前，关于电子系统的测试性分析主要按照数字和模拟来分开进行。

1.6.1　数字电子系统的测试性分析现状

通常，在使用可测性设计技术之前必须先进行测试性分析（简称 TA）。对于数字系统而言，测试性分析过程的主要目标是用测试性指标来评价所有的电路节点，并赋予测试性指标值，即赋予每个节点一个表征该节点的测试性水平的数值，进而能够定位低测试性节点。测试性指标的意义在于能够给电路的设计者提供指导以提高其电路的测试性，另外，基于启发的测试生成算法通常利用测试性指标来构成其启发函数。在利用测试性指标定位出低测试性节点之后，启动可测性设计过程来提供对电路结构的修改，从而提高这些低测试性节点的测试性，其结果极有可能是大多数电路节点的测试性也都随之提高了。因此，可测性设计过程的主要目标可以看成是尽可能少地修改原始电路结构，而同时最大可能地改善多数电路节点的测试性。通常，在这两方面要求之间进行折中考虑是一个迭代搜索的过程。

目前，存在着基于各种原理进行的数字系统的测试性分析方法和测试性指标计算方法，其分类图如图 1-3 所示，最广为人知的是 TMEAS、SCOAP、TESTSCREEN、CAMELOT、VICTOR、COMET、STAFAN。由于数字系统描述是分层的，对应系统级、板级、芯片级，数字系统的描述风格分别为行为级、功能级（简称 RTL）、门级。因而，测试性分析大致也可以分成三类：即基于结构信息、基于功能信息及基于行为信息。

门级测试性分析包含静态测试性评价和动态测试性评价。静态测试性评价主要分确定性测试和随机测试两种情况进行讨论。静态测试性评价是基于数字电路结构的静态拓扑分析，而不考虑测试向量和测试顺序，仅仅把测试性当成电路的一种拓扑属性。参考文献[25] 则提出了一种动态测试性方法。测试性指标的值在测试模式自动测试图形向量生成（简称 ATPG）过程中，随着搜索的进行而不断更新，尽管动态测试性指标更加准确，但是其计算所要求的开销则更大。参考文献 [26] 将静态测试性（简称 STM）和动态测试性（简称 DTM）相结合，在特定的阶段利用静态测试来缩短 ATPG 搜索时间，从而有效降低了搜索过程中的计算难度。

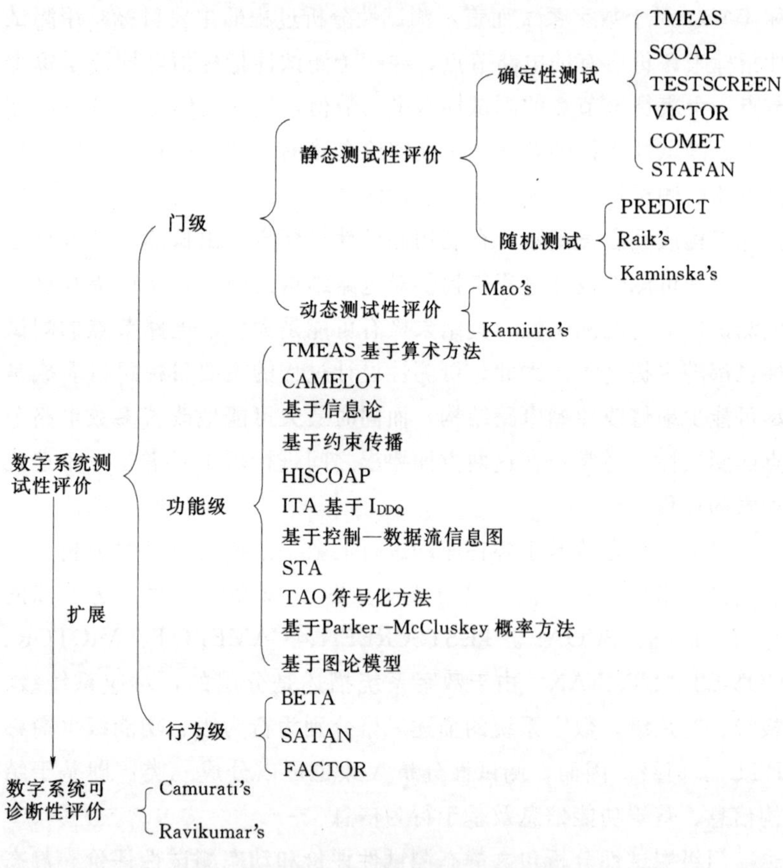

图 1-3　数字系统测试性分析分类图

然而，上述门级测试性指标都主要依赖电路拓扑描述得到，而参考文献［27］中证明了单纯依靠电路拓扑描述得到的结构化的测试性指标不能有效地应用高级电路描述。随着电路复杂性的增加，越来越多的数字系统更适合采用功能级（简称 RTL）描述或者行为级描述。因而针对行为级或者 RTL 级的测试性分析显得越来越重要。

典型的依据功能级测试性指标进行测试性评价的主要有 TAO、ITA、CAMELOT、HISCOAP。TAO 首先为 RTL 数据路径描述所辨识出的符号化路径建立方程，然后解方程以获取代表这些路径的常规表达式。最后据此找到难测区域加以可测性设计修改。该方法普遍适用各类 RTL 模块。ITA 系统主要针对泄漏故障模型，通过计算在电路原始输入端施加随机故障的情况下，基本向量集中的每个向量施加到功能模块的可能性来评价测试性。并对再汇聚扇出，采用反向蕴含来评价测试性。CAMELOT 系统引入可控性传递因子 CTF（Controllability Transfer Factor）与可观性传递因子 OTF（Observability Transfer Factor），利用测试生成过程的模型来计算电路各节点的可控性及可观性，进而计算测试性。HISCOAP 是 SCOAP 的推广，以 SCOAP 系统中测试性指标为基础，引入 SCOAP 表达式图 SEDs（SCOAP expression diagrams）分层递阶地实现了模块级的测试性计算。此外，Paker 引入了概率理论计算信号概率来估计测试性指标，然而该方法需要仿真开销很大。STA（System Testability Assistant）在假设已知依赖锥 DPC（Dependency Cones）及可观性因子 OBF（Observability Factor）的基础上，进行可控性与可观性的计算。然而对于系统而言，这些已知信息通常难以获得。Strnadel 对 RTL 数字电路采用特定的图形化模型，然后以此计算可控与可观，即测试性指标，但其测试性指标的计算相对复杂。纵观 RTL 级的各种测试性分析方法，可以将 RTL 级测试性讨论大致分成两类：其一是基于电路结构内模块的诊断数据流的概率模型，对于每个模块而言，存在若干特征决定特定输入输出数据转换的概率；另一类是基于电路模块的诊断属性建模，这类方法允许对诊断数据流进行更精确细致的建模，通常也因此而导致复杂性增加。

典型的依据行为级测试性指标进行测试性评价的系统主要有 BETA，SATAN 及 FACTOR。BETA 系统是基于控制流图 CFG 的行为描述，在路径分析之后，按照电路各变量传播的内在可控性客观性将变量分成若干类，然后分别加以测试生成指导。SATAN则是在由VHDL描述得到的信息转化图基础上，分析信息流，然后据此评价每个模块的测试性。主要考虑测试生成及解释难度GIE（Generationl/Interpretation Effort），可诊断性难度DiagEff（Diagnosability Effort）以及诊断质量因子Diag - QuaUty（Diagnosis Quality Factor）。FACTOR则是在分析设计的Verilog RTL描述的基础上，提取每个待测模块的功能约束，来实现分层递阶的测试性分析。

用于数字系统不同描述层次的这些测试性指标的定义基于不同的原理，而且基于不同原理的测试性指标往往仅适用于特定的情况。比如，基于信号概率来估算测试性的方法仅适用于随机测试的情况，可以应用到门级或者功能级。基于不同原理的测试性指标适用于特定的情况。另外，对于测试性概念的理解也不尽相同。参考文献［38］指出，测试性和诊断性（diagnosability）很多时候是混用的。但通常认为可诊断性包含测试性。关于数字系统可诊断性的讨论也较多。

综上所述，数字系统的测试性分析主要还是基于可控性和可观性的基础上来定义测试性，可控性和可观性的概念源于控制理论。在数字系统中，所谓可控性是表征通过在电路的输入端添加激励，从而在每个内部信号节点建立特定取值的能力；可观性是表征通过控制电路的输入，同时观察电路的输出，从而确定得到内部各个节点信号取值情况的能力。另外，还可能考虑可预测性，即指响应于给定的输入激励，在输出端得到预知的输出取值的能力。以上这些本质上都是将测试性数值化，从而通过比较各个内部节点的测试性的数值大小来确定测试性的好坏。数字系统的测试性分析主要用于：①提供测试内部电路部分的难易程度，在考虑可测试性设计时，通常选择测试性较低的区域来增加观测点或者控制点；②为完成测试模式生成的算法提供指导，避免使用难以控制的内部节点；③提供了故障覆盖率的估计值；④提供了测试向量长度的估计值。

1.6.2 模拟电子系统的测试性分析现状

要确定一个模拟电路是否有故障，进而确定究竟哪里出现了故障，通常的思路是测量其所有内部参数，然后将测量值与其正常的工作范围相比较。然而，通常不可能去测量电路的所有参数，而只能在有限个节点完成有限的测量。因此，以诊断为目的而实际获取的信息不仅依赖于电路本身的内部拓扑结构，而且还依赖于针对电路进行了什么样的测量。测试性的概念是独立于具体的故障诊断方法的，它描述了在选定测试点的前提下，待测电路（简称 CUT）的最大可诊断程度。这种最大可诊断程度可以定量计算。描述待测电路测试性的定量指标有不同的方式，依赖于不同的测试性分析方法。

目前，模拟系统的测试性分析方法众多纷繁，如图 1－4 所示，主要包括数值分析方法、符号化分析方法、基于传递函数零极点的分析方法、基于测试性传输因子（简称 TTF）的分析方法、基于组件连接模型（简称 CCM）的分析方法、基于离散事件系统（简称 DES）的分析方法、基于单信号依赖模型的分析方法以及基于多

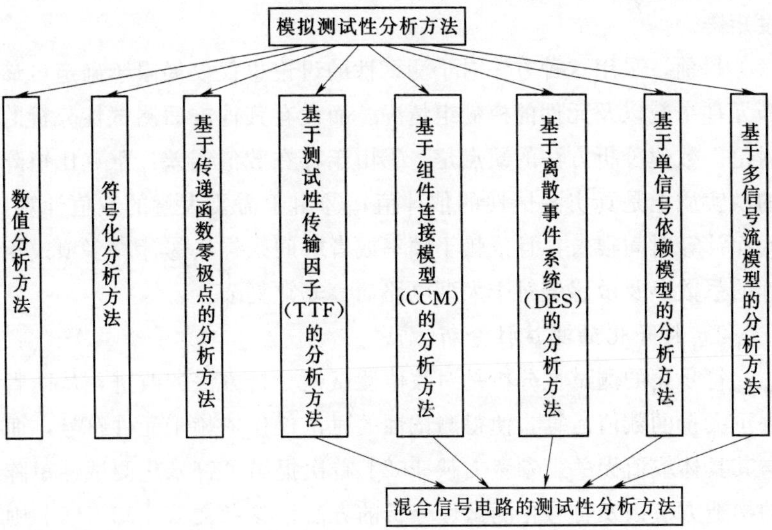

图 1－4 模拟电路测试性分析方法分类图

信号模型的分析方法。其中，基于测试性传输因子的分析方法、基于离散事件系统的分析方法、基于单信号依赖模型的分析方法以及基于多信号模型的分析方法为模拟系统和数字系统的测试性分析提供了统一的框架。

1. 数值分析方法实现测试性分析（基于敏感度的测试性分析）

最初的模拟电路测试性分析都是采用数值分析方法，此时的测试性指标有很多种提法，但 Saeks 提出的测试性指标应用最广泛。典型的基于数值分析方法的测试性分析是由 Iuculano 于 1986 年提出的，其本质是基于电路的敏感度分析来进行的，其敏感度矩阵是通过在频域内求传递函数对于电路各个元件的微分来构成，亦称做雅克比矩阵，而测试性指标就是雅克比矩阵的列秩。如果雅克比矩阵的秩等于电路的元件数目，则表示电路元件中的所有故障都能被识别；否则，必须添加另外的测试节点，或者是降低可测试元件的数目，使其与测试性矩阵的秩相同。Catelani 于 1987 年提出了一种改进的频域内测试性矩阵的构造方法，Hasan Albustani将此方法扩展到时域内。参考文献［51］则引入了统计相关性，从而简化敏感度矩阵。

目前，采用这种方法对于测试性的讨论也仅仅局限于确定可诊断元件个数以及元件的模糊组情况。而没有其他方面测试性分析的讨论。数值分析方法的缺点是：①由于存在数值误差，雅克比矩阵的秩实质上是真实测试性的估计值；②由于需要大量的数值计算，因而计算时间很长，且依赖于频率或者时间采样；③计算多项式矩阵的系数以及敏感度对于大型电路而言非常复杂。

2. 符号化的测试性分析方法

符号化的测试性分析是对数值测试性分析方法的改进，从而省去了大量的数值运算，使得测试性的讨论仅仅依赖于元件符号，而与其具体取值无关。参考文献［52］首次提出了符号化测试性矩阵的构造方法以及符号化测试性分析的方法，参考文献［53－55］则提供了进一步简化符号化计算的改进方法。尽管其构造测试性矩阵的方法不同，但仍采用 Saeks 的测试性指标。而且该数值型矩阵的获取依赖于符号化的传递函数。然而这些方法只适用于小规模线性模拟电路。而 Tao Pi 则于 2000 年借助于行列式判决图将此方法扩展于大型模拟电路的测试性分析。

在低测试性电路中（即测试性矩阵的秩小于电路元件的数目），测试性分析必然和模糊组的概念紧密联系，可以对测试性矩阵实行 QR 分解或者矩阵的奇异值（简称 SVD）分解确定模糊组。

3．基于传递函数零极点的测试性分析

基于传递函数零极点的测试性分析方法是由 Hasan Albustani 提出的。其基本思路是首先建立待测电路的改进节点分析模型或者状态方程，由此得出待测电路的符号化传递函数，并分析确定零极点，然后计算零极点的参数敏感度。这种基于传递函数的测试性分析重新定义了一系列测试性度量指标，使其与零极点关联。测试性分析包括可测试组件的最小数目、所有元件都可以辨识诊断的判断、模糊组以及基于电路极点的敏感度计算元素敏感度（element testability），进而实现测试选择。Cannas 于 2005 年给出了确定正规模糊组的方法。总之，该类方法仍属于符号化方法，其优势是克服了一般符号化方法的线性近似要求，从而与故障的取值范围无关，即并不要求故障取值限制在正常值附近作变化。

4．基于测试性传输因子（TTF）的测试性分析

基于 TTF 的测试性分析方法是由 Sam D. Huynh 在参考文献[63，64]提出的。该测试性指标类似于数字测试性分析技术，它将电路节点可控性和可观性概念统一起来，定义测试性传输因子 TTF 为可控性和可观性的平均值。首先对基本模拟电路元素，比如电阻、电容等建立其 TTF 模型；然后，以此为基础，由电路的拓扑结构构造信号流图（简称 SFG)，并将 TTF 作为信号流图的权重；最后，基于电路元素的 TTF 来计算电路各个节点的可控性和可观性指标，并取其平均值作为电路各个节点的测试性指标。Soma 于 2001 年将基于 TTF 的测试性分析方法扩展到大型混合信号

电子系统的测试性分析中。参考文献［66－68］对该测试性指标进行了改进，提高低阻抗的 TTF 敏感度。

基于 TTF 的测试性指标是基于电路的结构化模型来确定的，因此，其建模方法简单，而结构化建模往往不能与电路的实际性能参数建立联系，因此该方法的缺陷就是测试性分析的偏差比较大。另外，该方法在计算可控性和可观性指标时，主要依靠解非线性方程而得到，因而其计算量随着电路规模的增大而剧增。

5. 基于组件连接模型（简称 CCM）的测试性分析方法

基于 CCM 的测试性分析方法是由参考文献［46，47，69］提出的。该方法首先需要依据电路拓扑结构建立待测电路的电压电流方程组作为电路模型，然后规定 L_{21} 的全局列秩作为测试性指标。参考文献［70，71］将基于 CCM 的自测试方法应用到故障诊断，而参考文献［72］则进一步推广到系统级的故障诊断。而基于 CCM 模型进行故障诊断属于测后仿真来实现故障验证。参考文献［74，75］将 CCM 的测试性分析应用于测试点选择和可诊断性分析中，关于可诊断性分析，则只讨论了可诊断性的上限，即在给定测试的基础上，最多可以唯一辨识的故障元件的个数，而并没有进一步确定哪些元件可以诊断，哪些不能诊断，以及是否存在模糊组的深层问题。CCM 建模方法可以应用于数字/模拟/混合信号电子系统的板级和系统级建模。但是，CCM 模型本质是利用拓扑结构信息，必然存在偏差。

6. 基于离散事件系统（DES）的测试性分析

基于 DES 的测试性分析方法首次由 Feng Lin 提出。数模混合信号电路的测试具有应用 DES 理论的两个关键特征，从而采用 DES 理论进行测试性分析，为数字部分和模拟部分提供了统一的研究构架。测试性分析的内容包括待测电路是否可测，如果电路为可测试的，则确定电路测试的故障覆盖率以及电路满足给定测试要求的最小测试集，也即最小可观测事件集（简称 min OES）。

然而，这种基于 DES 理论进行的测试性分析的优势是将模拟系统和数字系统放在一个统一的构架下进行故障诊断和测试性的分析，不会因为电路中模拟、数字信号的不同而要将被测电路按信号类型分开进行处理，而且如果数字和模拟部分相互融合不能分块，这样在统一的框架下进行计算、判断和处理就显得特别重要。该方法适合于芯片级、板级的电路测试与诊断，并为芯片级和板级电路的可测性设计提供了分析的工具。但同时，其缺陷就是建模的计算复杂程度比较高。因此，DES 测试性分析不适用于大型系统级的讨论。

7. 基于单信号依赖模型的测试性分析

基于单信号依赖模型的测试性分析方法是由 William R. Simpson 和 John W. Sheppard 提出的。信息流模型最初被称作逻辑模型、因果模型或者依赖模型。这些模型都有成功应用的例子，如 LOGMOD、STAT、WSTA、ADS、DARTS、AITEST。Arinc 公司提出了基于信息流模型的集成诊断与测试性分析方法。参考文献[88]给出基于信息流模型的测试性指标，包括模糊组、可诊断故障率、测试闭环识别、组件闭环识别、冗余测试、测试鲁棒性、过测试、欠测试、虚警率、隐含故障、虚假故障等。相对而言，基于单信号模型的测试性分析较其他方法要完备。参考文献[97，98]给出了系统测试性指标的详细计算方法。基于单信号依赖模型的测试性分析方法得到成功应用（STAMP 及 POINTER）和研究者的广泛关注。信号流模型属于功能模型，它适合对那些复杂对象进行建模。然而由于信号流模型本质上仍然是基于拓扑结构（或者网表）建立起来的，所以，必然存在较大偏差。参考文献［109］指出了信号流模型的各种弊病。

8. 基于多信号模型的测试性分析

基于多信号模型的测试性分析方法是由 Somnath Deb 博士提出的。多信号模型本质上仍然是建立 D 矩阵，然后由此进行测试性分析。其测试性分析内容包括静态故障分析以及测试序优化算法。其中静态故障分析主要用来评价系统的固有测试性，包括辨识不可检测故障、模糊组、冗余测试、闭环分析、隐含性故障分析、虚假故障分析以及进行测试点选取和测试序优化。多信号模型一经提出，就在大型复杂系统中得到了成功应用。

1.6.3 数模统一的大趋势

随着电子技术的发展，电子设备的功能越来越强大，集成度越来越高。而且，由于现实中信号的模拟本质，使得电子设备不可能完全由数字系统构成，而应该是以数字/模拟混合信号形式存在。一个电子系统由若干块板子构成，每块板子可以看成是一个子系统。而每块板子上又由若干种组件构成。这些组件包括纯数字组件，如 FPGA/CPLD、DSP、ROM/RAM、CPU、SOC 以及普通数字逻辑单元，还包括一些 A/D、D/A 模块以及模拟电路模块。有资料表明，电子系统的测试诊断开销绝大部分是来源于模拟信号部分，而且比例在未来还将继续增长。这一方面充分说明了模拟电子系统测试诊断的困难性，另一方面也预示，如果能有效地解决模拟信号电子系统的测试和诊断问题，不仅能够大大降低产品制造开销，还能大大降低产品维修开销。由以上讨论可知，进行固有测试性的分析和评价，对于电子系统的测试和诊断意义重大。将数字部分和模拟部分分开来相对独立地进行固有测试性讨论，首先是不符合电子系统的实际工作情况，因为很多时候，一个复杂电子系统是不能完全拆分成模拟信号部分和数字信号部分的，比如对于 A/D 或者 D/A 模块就不可能将其进行拆分，只能把它当做一个混合信号系统来进行整体考虑；其次，即便能完全拆分开来，但由于数字信号系统和模拟信号系统分开来相对独立地进行固有测试性分析和评价，其分析和评价的标准不同，从而在此基础上进行 DFT 往往仅偏重于某一侧，缺乏对整个系统的综合把握。如果能够将数字信号部分和模拟信号部分的测试性放在统一的框架中，讨论其固有测试性，则可以避免上述问题。由图 1 - 4 可见，目前已有许多学者在探索对混合信号系统进行统一分析评价。

由于多信号流模型的优越性可以预见，将模拟信号系统和数字信号系统统一在多信号流模型下，研究混合信号电子系统的固有测试性，具有理论意义和实际价值。

1.7 测试性评价建模方法

以上关于研究现状的讨论可见，各种电子系统测试性分析是以不同的建模方法为前提的。在展开本书系统阐述之前，必须从若干种可能的建模方法中，针对电子系统系统级测试性分析的目标，确定一种建模方法。本小节在论述和分析现存主要建模方法的利弊之后，确定多信号模型作为电子系统系统级的建模方法。

1.7.1 现存的四类建模方法

参考文献[111]指出，现存的主要建模方法可以分成定量模型、定性模型、结构化模型以及多信号模型。这四种建模方法在建模能力以及建模计算复杂性方面的比较如图1-5所示。定量模型，通常需要建立数值化仿真或者常规微分方程来描述系统。然而，对于复杂系统而言，这类模型所需要的精确信息通常是不可获得的，并且其建模开销是非常昂贵的。定性模型是一种简化的定量模型，是用简化的定性代数约束或者定性微分方程来代表物理系统，仿真其定性行为。即使是定性仿真对于大系统而言也是非常昂贵的，并且上述两种建模方法所需信息在设计早期通常是不能获得的。结构化模型用有向图来表示连通性和故障传播方向，这个有向图与系统的原理框图联系紧密，建模简单、快捷，并且可以用于大系统。另外，

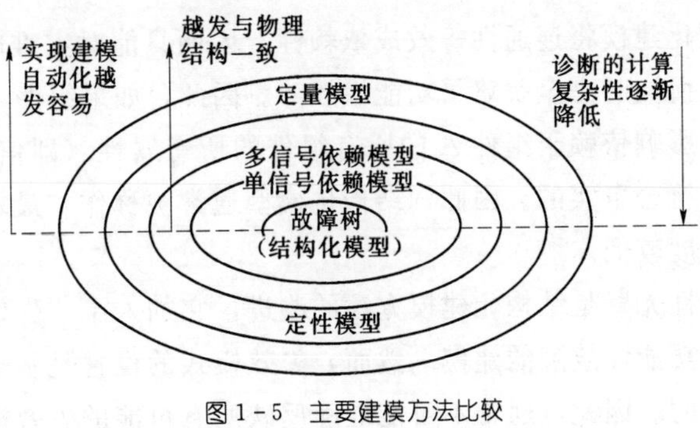

图1-5 主要建模方法比较

由于在结构化模型中的节点之间以及真实系统的模块之间存在直接的联系，使得该模型的验证很容易。然而，结构化模型只表示了结构连接暗含的简单函数关系，而不能表示通常在简单系统框图中嵌含的许多复杂的函数依赖关系，从而经常导致错误的故障诊断结果。依赖模型用有向图来表示因果关系，是目前测试性分析工具中使用的主要建模方式，也常被称作推理建模方式。然而，单信号依赖模型随着被建模的复杂相关性越多，可能很大程度上偏移实际结构。

1.7.2 多信号模型的优势分析

上述四种建模技术在描述故障时是不同的。在定量模型和定性模型中，系统的功能被详细地建模出来。因此，它们能够有效地隔离功能性故障（软故障），而灾难性故障（硬故障）则被当作功能性故障的特殊情况去处理。然而，由于其推理是建立在对真实系统的仿真基础上，所以其推理过程非常缓慢，不适合大型系统。

对于故障诊断而言，往往只需要对故障如何传播到各个检测点进行建模。因此，在故障空间内对系统进行建模就足以满足要求。在结构化的依赖模型建模中，系统建模是针对一阶因果依赖性来进行的：即一个故障节点如何影响与其紧密相连的周围节点。高阶依赖关系可以由一阶依赖关系推导出来。因此，依赖模型捕获了测试性分析所需要的最少信息，并且成为已经成功应用于大型系统的建模技术之一。

结构化建模将连通性等效成依赖性，因而只能对灾难性故障进行建模，而同时完全忽略了功能性故障。因此，如果组件 A 发生故障，它将影响依赖于组件 A 的所有组件的所有属性（即信号）。这显然是不符合事实的。因此，结构化模型通常被称作“最坏情况”，其诊断精度较低。

依赖性无疑是结构化建模方法的改进，它加入了“失效模式”，以实现对功能性故障的建模。然而，失效模式的设置是基于专家经验来完成的。因此，通常不可能准确反映所有可能的失效模式。依赖模型中的失效模式与多信号模型中的失效模式是有区别的。依赖模型中的失效模式是针对物理故障而言的，因而需要列举组件（比如电阻）在故障状况下的可能取值，而多信号模型中的失效模式则是针对对系统正常功能有影响的故障而言，因而仅需要识别组件（比如电阻）故障对于系统功能的影响。通常情况下，在多信号模型中将开路或者短路当做整体故障G（导致系统功能不正常），而将参数越限当成功能性故障F（导致系统功能偏移期望值），但这并不是绝对的。即当短路或者开路故障仅导致系统功能指标偏移期望值时，则将其看做是功能性故障。

依赖模型的结构化偏移来源于将物理系统的多维属性（信号）空间映射到单维（依赖）空间。概念上，其结构化模型定义了有向图中节点互相影响的不同路径（即潜在的多信号依赖关系）。现存的依赖模型建模技术则将依赖性当成二进制。因此，包含多信号的依赖性被建模成多个对应不同信号的单依赖性（就像任意一个整数可以被编码成一串二进制数字量一样），然后，为每个单信号依赖关系复制一个节点，从而实现对多信号的依赖关系。这样，必然会导致与系统的实际结构有偏差。由于这种结构偏差来自建模者基于局部推理而做出的主观判断，使得模型验证难以进行，且诊断结果不具说服力。

由此可见，上述各种建模技术在应用于大型系统的故障诊断时都存在问题。尽管结构化模型和依赖模型可以应用于大型系统，但是，由于其各自的局限性，使其在应用时受到限制：结构化模型简单，但缺乏所需要的准确性，未考虑功能性故障；而依赖模型在添加功能性故障信息的同时，也添加了结构的偏差，从而使得模型验证成为问题。

多信号模型本质上是在结构化模型之上覆盖了一系列（单信号）依赖关系，因此，模型与系统的原理结构图紧密相连。多信号模型中的信号对应于系统传递函数中的独立单元，或者是构成系统功能规范指标的截然不同的属性。因此，所有可能的信号是一个规模较小的有限集合。且由独立性的定义可知，某个信号中的故障，不影响其他信号。因为该模型与系统的结构紧密对应，从而使模型的验证相对容易，而且易于将不同子系统模型集成为一个大型系统模型。

多信号建模的优势是模型中仅包含对于故障诊断而言必要的系统知识，而不需要详尽的系统知识以及计算昂贵的仿真和推理技术。另外，这种建模技术并不要求预先清楚地掌握系统中失效模式的信息。这就意味着该建模方法能够检测和隔离未知故障模式。而且，故障模式及其效果分析可以通过为每个组件规定故障模式联盟来完成。因此，多信号模型包括了依赖模型建模的所有信息，但同时又不会增加故障模式的复杂性和引入结构偏差。

多信号建模是在故障空间中对系统进行建模。因此，仅需要对依赖关系的本质（即信号）进行建模。这里的信号必须是描述系统的独立变量。而与此相对比，定量和定性建模方法都需要有昂贵的仿真和状态生成过程。此外，出于故障定位的考虑，并不需要对精确的定量关系建模。因为当同一属性受多组件影响时，定量关系几乎没有意义。

电子系统构成组件繁多，信号依赖关系复杂，属于大规模复杂系统。从建模的角度考虑，重新审视上述各种模拟系统测试性分析方法，其中数值化分析、基于组件连接模型以及基于传递函数零极点理论的分析方法属于定量建模，符号化分析以及基于离散事件系统的分析属于定性建模，这两种建模方法都不适用于大型系统级。基于测试性传输因子的分析方法属于结构化模型，虽然可以应用到大型复杂系统，但其建模难点在于分析得到不同组件的 TTF 等效模型，并且其结构化模型的本质使其很难保证性能的正确性。而基于单信号依赖模型，其建模简单，虽适用于系统级，但是分析往往有偏差。而多信号模型相当于在结构化模型之上，覆盖了故障空间信息，其分析结果较准确，而且建模方法简单，应用于系统级的建模具有明显优势。因而本书选用多信号模型对电子系统进行建模，且后续阐述都是以此为出发点展开的。

1.8 本章小结

智能电网将是未来电网的发展方向，并受到各国的关注。中国已将智能电网建设确定为国家战略。而在电网智能化发展过程中，现代电子系统必将扮演越来越重要的角色。本章从智能电网内涵出发，分析了智能电网对现代电子系统的依赖关系，并在此基础上，引出测试性相关概念，并由远及近将视角不断缩小。首先阐述测试诊断的基本含义，测试性与测试性设计、评价的内涵及相互关系，测试性评价的分类及意义；然后详细地从数字系统与模拟系统两个方面阐述测试性评价的研究现状，并对数模统一的大趋势进行分析；最后分析阐述了测试性评价建模方法，从而确定多信号模型作为本书所有讨论的建模方法。

第 2 章　测试性评价指标体系

2.1　固有测试性的评价指标体系

基于对研究现状的分析，不难发现，目前测试性分析相关研究内容错综复杂，评价指标多种多样，缺乏统一的评判指标体系。而要想对系统的测试性有个比较全面的综合评价，必须首先明确评价指标体系。作者经过分析和总结，确定了如图 2-1 所示的评判指标体系，对于测试性分析及故障诊断具有重要的指导意义。图中实线部分是本书测试性评价指标体系，而虚线部分是未来测试性评价的可能进展方向。所谓平层测试性分析，是指对系统由底及顶建立了顶层多信号模型之后，在最顶层进行的测试性分析。由图 2-1

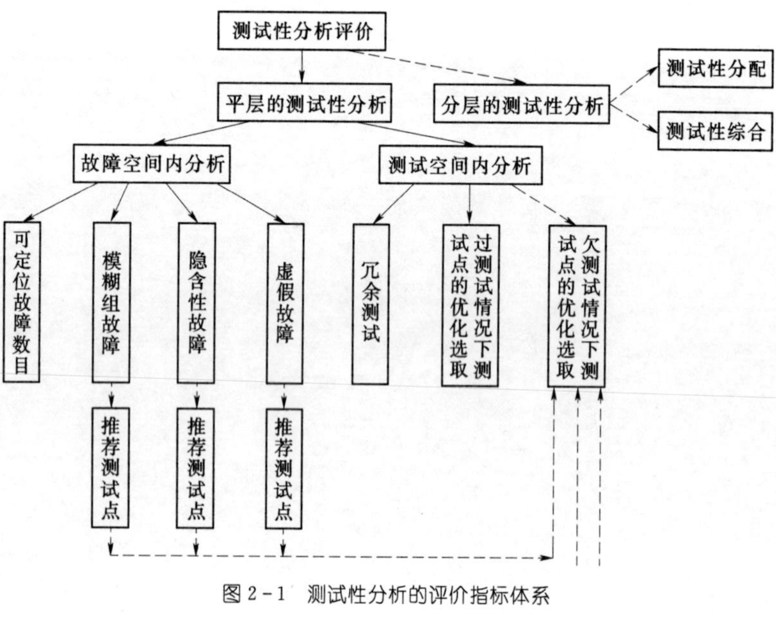

图 2-1　测试性分析的评价指标体系

可见，测试性分析的评价指标主要包括故障空间内的评价指标以及测试空间内的评价指标。

2.1.1　故障空间内的测试性评价指标

2.1.1.1　模糊组

模糊组内的故障，其故障征兆相同，因而在现有测点情况下是不可能被隔离的。若想进一步区分模糊组内的故障，必须增加新的测试点。可定位故障，是指通过一定的故障诊断方法可以唯一定位的那类故障。寻找模糊组其实质就是在 D 矩阵中寻找完全相同的行。用简单的搜索算法就可以实现。搜索到所有的模糊组后，每个模糊组中的所有故障，其特征都相同，所以从诊断的角度来看，它们只能被当做一个故障，则可诊断定位的故障数目应为故障总数分别扣除每个模糊组的故障数，再加上补偿，即模糊组总数；而故障可诊断率则为可诊断的故障数目与故障总数的比值。

2.1.1.2　隐含性故障

隐含性故障（hidden fault）的故障征兆被其他故障的故障征兆所包含。在单故障假设的情况下，这类故障能够被诊断定位。然而，实际应用中，系统往往存在多个故障，假设隐含性故障与包含其故障征兆的那个故障同时发生，则这类隐含性故障就被某个故障“遮盖”掉，而不能显现出来，从而造成漏报现象。那些被某个故障的故障特征“遮盖”的故障构成了隐含性故障集。针对采用多信号建模得到的 D 矩阵而言，$D=[d_{ij}]$，矩阵的行表示不同的故障模式 F，$F=[f_1,f_2,\cdots,f_m]$，而列则对应不同的测试 T，$T=[t_1,t_2,\cdots,t_m]$。针对某个故障 f_i 而言，被其“遮盖”的故障集可以表示成：$H_i=\{j \mid i\leqslant j\leqslant m, j\neq i, D_i\cup D_j=D_i\}$，其中 D_i 表示 D 矩阵的第 $i-th$ 行。由此可见，隐含性故障的确定相对较简单。

2.1.1.3　虚假故障

虚假故障（masked fault）的故障征兆等效于其他若干个故障同时发生的故障征兆效果。与隐含性故障相同，这类故障在多故障假设下，则无法定位，从而造成错报。针对采用多信号建模得到的

D 矩阵而言，虚假故障的求解可以归结为最小碰集的求解，相对比较复杂。

综上所述，对于故障空间的测试性分析，其中模糊组和可定位故障数目主要用于单故障假设时，进行故障诊断之前为其诊断提供极限指标，而隐含性故障和虚假故障则主要用于多故障假设时为诊断提供指导。隐含性故障和虚假故障的存在在多故障诊断时会造成误判和漏判，从而造成虚惊。而过高的虚惊率则会在实际应用中形成维修诊断混乱，影响正常使用，又会造成维修诊断成本的上升。因而其研究意义重大。

2.1.2 测试空间的测试性评价指标

2.1.2.1 冗余测试

冗余测试分析旨在找出多余的测试以便去掉。如果 D 矩阵中存在完全相同的 N 个列向量，则称这 N 个列向量互为冗余测试。冗余测试所表达的信息是重复的，因而在选择测试点时，可以只保留其中一个测试点，而去掉其余的测试点。冗余点的寻找算法与模糊组的寻找算法相同。另外，一种特例情况是全 1/全 0 的列亦为冗余测试，此时，该测试所包含的有效信息量为 0，对于故障诊断没有任何意义。

2.1.2.2 最小测试集

假设过测试情况下，即现有测试一定可以实现 100%诊断，则最小测试集是指能够达到故障诊断目的所需的最少的测试点集合。测试数目的减少对于节约测试成本意义重大。测试的故障覆盖率是针对当前某测试集合，其所能诊断定位的故障的数目与总故障数目的比例关系。该指标可以衡量测试集合的优劣。

上述测试性指标有些是互相联系的。比如，可定位的故障数目与测试的故障覆盖率，如果已知前一个，则再除以总故障数，就得到了测试的故障覆盖率。在这个测试性评价指标体系中，最小测试集和虚假故障的确定是难点，也是本书重点阐述的内容。

2.2 完成测试性评价指标体系

完成测试性评价的指标相对比较完善，主要包括如下常见指标。

(1) 故障检测率（fault detection rate，简称 FDR)。用规定的方法正确检测到的故障数与故障总数之比，用百分数表示（GJB 2547—1995《装备测试性大纲》、GJB 3385—1998《测试与诊断术语》)。

(2) 故障隔离率（fault isolation rate，简称 FIR)。用规定的方法将检测到的故障正确隔离到不大于规定模糊度的故障数与检测到的故障数之比，用百分数表示（GJB 2547—1995、GJB 3385—1998)。

(3) 虚警率（false alarm rate，简称 FAR)。在规定的条件下和规定的产品工作时间内，发生的虚警数与同一时间内故障指示总数之比，用百分数表示（GJB 2547—1995)。在规定的时间发生的虚警数和同一时间内的故障指示总数之比，用百分数表示（GJB 3385—1998)。单位时间或其他寿命单位（例如动作次数）的虚警数；每一个 BIT 信号的虚警数，用百分数表示（MIL—STD—1309D—1992《测试、测量和诊断术语定义》)。

(4) 不能复现率（cannot duplicate rate)。在基层级维修时，BIT 和其他监控电路指示的故障总数中不能复现的故障数与故障总数之比，用百分数表示（GJB 3385—1998)。

(5) 重测合格率（retest okay rate)。在中继级和基地级维修时，测试设备指示的故障单元总数中重测合格的单元数与故障单元总数之比，用百分数表示（GJB 3385—1998)。

(6) 测试有效性（test effectiveness)。对硬件设计、BIT 设计、测试设备设计和测试程序集（TPS）设计的测试性综合度量，测试有效性的度量包括（但不局限于）故障检测率、故障隔离率、故障检测时间、故障隔离时间和虚警率（GJB 3385—1998、MIL—

STD—1309D—1992）。

（7）诊断有效性（diagnostic effectiveness）。诊断要素满足所要求的故障检测和故障隔离程度的度量（GJB 3385—1998、MIL—STD—1309D—1992）。

（8）诊断效率（diagnostic efficiency）。诊断要素在最经济的情况下达到所要求的故障检测和故障隔离能力的度量，诊断效率可表示为诊断有效性与费用之比（GJB 3385—1998、MIL—STD—1309D—1992）。

（9）诊断准确度（diagnostic accuracy）。在可能的故障数中正确诊断出故障的百分数（GJB 3385—1998、MIL—STD—1309D—1992）。

（10）故障检测时间（fault detection time）。从开始故障检测到给出故障指示所经过的时间（GJB 3385—1998、GJB 2547—1995）。

（11）故障隔离时间（fault isolation time）。从检测出故障到完成故障隔离所经过的时间（GJB 3385—1998、GJB 2547—1995）。一个故障从检测出来到隔离所经历的时间，它是修理时间的一部分（MIL—STD—1309D—1992、MIL—STD—2165A—1993《电子设备可测试性》）。

（12）故障定位时间（fault localization time）。实施故障定位的那部分实际修复性维修时间（GB/T 3187—1994《可靠性、维修性术语》）。

（13）故障诊断时间（fault diagnosis time）。实施故障诊断的时间（GB/T 3187—1994）。

（14）故障潜伏时间（fault latency time）。故障发生和故障指示之间所经过的时间（GJB 3385—1998）。由装置本身进行的、显示该装置是否在设计的限度内工作的一个或一系列检测。包括用于检验其性能状态和完好性的计算机和自动测试设备的测试程序（GJB/Z 91—1997《维修性设计技术手册》）。有故障而未察觉的时间长度或时间间隔，它是故障发生和故障指示之间所经过的时间

(MIL—STD—1309D—1992)。

需要说明的是，这些指标的计算均是在对故障进行测试与诊断之后，因而指标的计算对于具体的故障诊断方法具有一定的依赖性，即采用不同的故障诊断方法，得到的指标可能完全不同。应该说，这些指标是对故障诊断结果的一个评价。

2.3　本章小结

明确测试性评价的指标体系是进行测试性评价的前提和基础。本章按照固有测试性评价与完成测试性评价两个层面，分析阐述了各自的测试性评价指标体系。完成测试性评价指标体系相对较完善，而固有测试性评价的指标错综复杂，笔者则主要从故障空间和测试性空间两个不同角度确定了评价指标体系。

第3章　多信号仿真建模

3.1　引言

由1.7节的分析可知，结构化模型、依赖模型以及多信号模型是适合于大型复杂系统的建模方法，其中多信号模型相对准确性更高。多信号模型是由Somnath Deb等人于1994年提出，并由美国Qualtech系统公司（简称QSI公司）引入其测试性工程和维修系统软件（TEAMS）方案中。这种建模方式在大型复杂系统建模时具有较强的优势，引起了国内外学者的广泛关注，并且有很多成功应用的例子，如航空航天领域、医药领域、自动化领域等。电子系统是一个极其复杂的大系统，子系统之间的关联错综复杂，研究如何对这样一个复杂系统实现多信号建模，对于进行电子系统的故障诊断和测试性分析都具有重要的意义。

多信号建模及故障诊断技术虽然在美国NASA航天器故障诊断与系统测试维护中得到大量的应用，但由于涉及军事机密、商业秘密以及高新技术垄断，系统阐述多信号模型以及故障诊断定位技术的文献很难查到。根据QSI公司披露的文献以及国内外航天器故障诊断研究状况，多信号建模与故障诊断技术应该对以下两个问题作进一步研究：

（1）在系统故障依赖关系不确定的情况下，如何建立多信号模型。

（2）在测试与模型不确定性情况下的故障诊断技术。

第（2）个问题属于故障诊断的范畴，本书不做讨论。而对于第（1）个问题，则是本书研究要解决的问题。

多信号模型其本质是寻找故障与测试的依赖关系，最终建立D

矩阵。传统的建模方法是采用人工进行因果分析来完成。然而电子系统功能日趋复杂，采用传统方式来进行多信号建模，显然不再适用，因为专家经验在很多情况下是难以获得的。即使获取了专家经验，其准确性也无从可知，需要借助于模型验证进行评价。另外，专家经验往往是有局限的，而电子系统故障多种多样，特别是模拟电子系统部分，其故障类型更是多种多样，仅仅依赖专家经验很难分析故障与测试之间的因果关系，从而使建模无法进行。哈尔滨工业大学龙兵提出采用贝叶斯网络来进行依赖关系不确定情况下的多信号建模。然而该方法中依赖关系的确定本质上是一个从不完备数据中通过学习算法来建立贝叶斯网络结构的问题，文中采用的遗传模拟退火算法比较复杂，而且算法中各参数的确定也很难把握。

目前，电子电路领域，有很多成熟的 EDA 仿真工具，如 Pspice、Multisim 等。利用这些仿真软件可以模拟和获取电路的各种运行状态的数据，从而为建立故障或测试之间的依赖关系提供依据。因而利用仿真软件获取电子电路的运行状态数据，从而依据这些数据建立故障与测试之间的依赖关系已经成为电子系统建模的必然趋势。这种必然性体现在：

(1) 基于仿真的方法相对手工方法而言的优势在于可以对组件进行更详细、彻底的分析，因为对构成组件的每一个元器件和失效源进行仿真，从而使得元器件和失效源的数目非常之大，这是人工方法不可能做到的。

(2) 基于仿真的方法比手工方法具有更高的故障隔离率，这是由于对于不同的输入激励而言，同一个故障所产生的多个输出范围，而基于仿真的方法可以测试各种输出范围而不只局限于测试正常值范围。结果使得故障诊断精度得到提高。

参考文献［125，153］提出采用仿真方法来建立多信号模型。这种基于仿真的建模方法确保了更为详尽的故障模式分析，消除了推理模型验证的过程，也解决了建模时对于专家经验的依赖性，无疑为模拟电子系统建模提供了一条有效的途径。在基于仿真进行建模时，通常情况是，仿真时如果将特征空间划分得越精细，诊断隔离的精度越高，但与此同时，仿真时间开销越大。参考文献［125］采用非统计方法来进行仿真，仿真分两个有序阶段进行，需要根据逐级中值划分将特征空间分成 N 个子空间，以区分不同的故障的不同响应，从而将多值结果转换为二值结果，仿真过程复杂，时间开销大；由于各故障的特征空间在考虑参数容限时很可能是相互重叠的，很难将特征空间按照故障不同而分开，而且究竟划分成多少个子空间也很难确定，因此所建模型对于参数化故障时容易出现诊断错误；另外，关于阈值确定，文中仅仅按照某故障时输出偏离正常值的最大变化范围而定，或者干脆人为给定，这显然降低了模型的准确度。尽管参考文献［125］存在诸多缺陷，但却为基于仿真建立多信号模型提供了雏形。参考文献［153］采用 Monte－Carlo 统计方法来进行仿真，并且将特征空间划分为两个子空间，即正常特征子空间和故障特征子空间，相对于参考文献［125］而言，特征空间划分得简化，大大简化了仿真过程，并减少了仿真的时间开销，同时也必然提高了模型对于参数化故障的精度。然而此时建模的精度与阈值的选取直接相关，阈值选取过大，直接导致将许多故障情况误判为无故障，即漏判；而阈值过低，将导致将无故障情况误判为有故障，从而降低了所得模型的诊断精度。因此，如何选定阈值至关重要。参考文献［153］中将阈值统一确定为 $\pm n\hat{\sigma}$ （$n\geqslant 3$）（不考虑仪器误差），而该阈值合理的前提是经 Monte－Carlo 分析后，特征信号呈正态分布。然而由于电路参数与特征信号之间存在非常复杂的关系，特征信号往往并不是呈正态分布的，因此其阈值的确定方法必然影响建模的精度。另外，其确定 Monte－Carlo 分析次数是在多次重复仿真的基础上得出某特征的统计量关于 Monte－Carlo 分析次数变化曲线后才确定，显然这样确定 Monte－Carlo 分析次数需要进行的仿真过程较复杂。

针对复杂程度较低的电路模块，本章阐述基于仿真建立多信号模型的方法，在参考文献［153］的基础上有所改进。采用经验公式法确定 Monte - Carlo 分析次数，同时依据测量特征的数据分布情况进行自适应阈值估计，最后，测量空间的 2 -区间划分来确定测试与故障的依赖关系。

3.2　多信号模型基本理论

多信号模型是在系统结构和功能分析基础上，以分层有向图表示信号流导向和各组成单元（故障模式）的构成及相互连接关系，并通过定义信号（功能）以及组件单元（故障模式）、测试与信号直接关联性，来表征系统组成、功能、故障及测试之间相关性的一种模型表示方式。多信号模型中的信号是指表征系统或其组成单元特性的特征、状态、属性及参量，既可以为定量的参数值，又可以为定性的特征描述，并能够区分为正常和异常两种状态，相应测试结论为通过或不通过两种情况。在多信号模型中，组成单元的故障模式根据作用结果不同分成两类：功能故障 F（组成单元故障导致系统丧失部分功能，系统工作不完全中断）和整体故障 G（组成单元故障导致系统丧失主要功能，工作完全中断）。

3.2.1　模型节点构成

多信号模型由四类不同的节点构成。

（1）组件节点（module node）：表示一个具有特定功能集的硬件。组件允许分层建模，一个模型图中的组件可以用另一个包含其子组件和其他节点的图加以详细描述。

（2）测试点节点：表示物理的或逻辑的测试操作位置。在一个测试点允许完成多项测试。

（3）AND 节点：表示冗余连接，应用于容错系统建模中。例如，如果 A 和 B 都故障，C 才受影响，A、B 和 C 之间的连接表示需要 AND 节点。

（4）开关节点：表示内部连接的变动关系，可用于系统不同工作状态的建模。

3.2.2 模型的数学符号抽象

多信号模型抽象成数学符号来进行描述，则模型中的组件节点可以用一个有限集合来描述，即 $C=\{c_1,c_2,\cdots,c_L\}$；其中 c_i 表示某个组件，$1\leqslant i\leqslant L$；L 表示模型中共有 L 个组件。模型中与系统性能相关的独立信号集 $S=\{s_1,s_2,\cdots,s_K\}$，其中 s_i 表示某个独立信号，$1\leqslant i\leqslant K$；K 表示模型中共有 K 个独立信号。例如，对于一个放大器子系统，与系统性能相关的独立信号通常有放大增益、直流偏置、线性度、转换速率等。不同的子系统可以有相同名称的独立信号。测试的有限集表示为 $T=\{t_1,t_2,\cdots,t_n\}$；测试点的有限集表示为 $TP=\{TP_1,TP_2,\cdots,TP_p\}$；测试点对应于电路系统的实际内部节点，即指测试所在的位置，而测试则在测试点完成的具体测量，比如，对于输出电压的测量等；每个测试点 TP_p 关联的测试用集合 $SP(TP_p)$表示；每个组件 c_i 影响的信号用集合 $SC(c_i)$表示；每个测试 t_j 检测的信号用集合$ST(t_j)$表示。多信号模型的相关性本质内涵用有向图表示，$DG=\{C,TP,E\}$，其中 E 表示规定了系统结构连接的有向边集合。建模时需要重点确定的就是 $SC(c_i)$，即组件与信号之间的依赖关系。

3.2.3 多信号建模的三个步骤

第一步：输入结构模型、原理图或者概念方框图。比如，结构化模块可以由 VHDL 结构模型经 EDIFnetlists 转换而成，或者从图形用户接口（简称 GUI）直接输入。

第二步：将信号添加到模块和测试点中。这些信号可以由模块功能性规范获得，也可以是传递函数中的独立变量。

第三步：对于一些特定情况，需要修订模型。下面是一些常见的需要修订模型的特殊情况。

如果系统具有内建冗余性（比如，对某系统而言，只有 A、B 都发生故障才导致系统失效的情况），则需要用 AND 节点来建模冗余组件。

如果一个系统具有不同的操作模式，使用开关节点（SWITCHS）

来对这种情况进行建模。

如果一个系统中某些组件具有内建自测试（简称 BIST），则 BIST 可以通过对其分配一个独立信号来建模。如果一个 BIST 横跨多个组件，这种情况在依赖性建模（Dependency Modeling）中被称作“组件测试”（Component Test），可以通过对其分配一个独立信号来建模。

如果一个系统具有可置换的数字集成电路，则可以用与其等效模型来建模。所谓等效模型是芯片的简化模型，只考虑检测芯片内故障（而不是隔离故障）所必需的依赖性信息。

在很少的情况下，系统可能具有能够被取消的依赖性关系，这等同于数字电路中的无关状态“don't care”情况。则这些依赖关系必须被辨识并且从模型中去除。

3.2.4　多信号模型的表现形式

多信号模型的表现形式有两种：D 矩阵和有向图。这两种形式之间是相辅相成，紧密联系的。多信号模型最终形式是 D 矩阵，即测试信号与故障源之间的依赖关系矩阵，其特点是便于计算和处理。多信号模型的另外一种形式是有向图，其特点是直观，便于理解。这两种形式是同一事物不同的表现形式，其本质是相同的。

3.3　基于自适应阈值估计的多信号仿真建模方法

3.3.1　基本思路

基于仿真提取多信号模型的总体实现思路如图 3-1 所示。

图 3-1 预处理模块的输入包括：①被测单元（简称 UUT）的 SPICE 描述；②一系列施加到被测单元的测试激励；③测试点列表；④一系列测试测量特征（比如电压、增益、相位、超调量、上升时间、稳定时间）；⑤预定义的故障空间；⑥Logistic数据，比如组件的平均失效时间（MTTFs）。

预处理模块剖析来源于 SPICE 网表的模型和子电路信息，辨识关键的模型参数（这些参数在 Monte - Carlo 运行期间是要发生

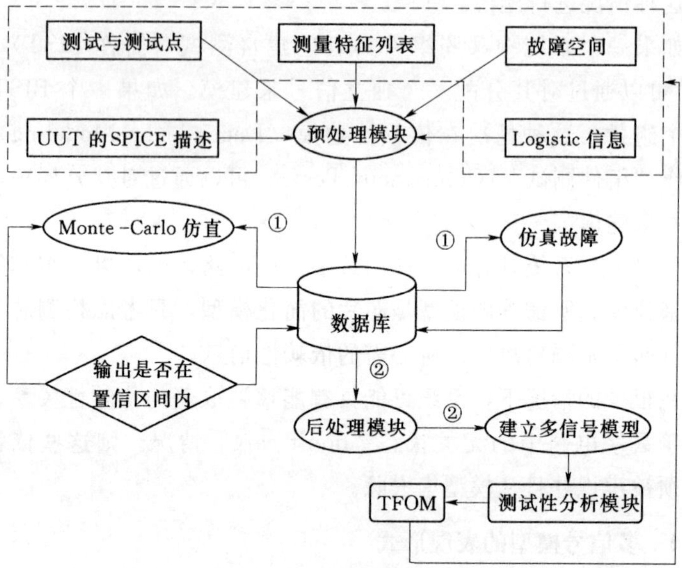

图 3-1　多信号模型提取框图

①—测试、测试点、组件及模型参数；②—仿真结果

变化的）创建 UUT 的组件列表，并将上述信息存入数据库。

仿真软件针对所有预先定义的测试激励进行一系列 Monte-Carlo 仿真。在 Monte-Carlo 仿真期间，电路组件参数在规定的容限范围内随机变化，从而计算测试测量特征的平均值和标准偏差，并存入数据库。

后处理模块则从故障仿真结果中提取 UUT 的多信号模型。

测试性分析模块则是针对多信号模型进行分析，生成测试性性能指标 TFOM，然后判断 TFOM 是否满足要求，如果不满足要求，则返回输入部分进行测试性修订，删掉冗余测试，添加新的测试或者测试点。此过程循环往复，直到 TFOM 满足要求为止。

Logistic 数据包括平均失效时间（MTTF），失效模式概率以及组件制造类型（比如电容可能是电解电容、陶瓷电容等），测试建立及资源代价，维修代价及时间。这些数据元素用来计算整个系统的 MTTF 以及用来优化诊断测试序列。组件的平均失效时间

(MTTF) 可参考 MIL—STD—217F《电子设备可靠性预计》中的标准可靠性模型，而模拟失效模式概率和模拟组件的制造类型则可参考《标准可靠性手册》。

需要说明的是，本书所建模型并未考虑 Logistic 数据，而且也没有考虑实现基于 SPICE 语言自动抽取多信号模型的过程，在框图中用虚线框圈出，作为将来进一步研究的内容。

3.3.2　基本概念及故障模式

要讨论建模过程，必须首先理解测试、测试点和特征的基本概念以及故障模式。

测试：用来区分正常时和故障时的输出，而在 UUT 上完成的一次测量行为。常见的测试包括直流扫描（DC sweep）分析、交流频率（AC frequency）分析以及瞬态（transient）分析。

测试点：是 UUT 中的进行输出测量的特定节点。

特征：是对于测试激励而言，在各测试点处产生的一些电压/电流波形的可测量特征。

在诊断策略级，测试的结果是二进制的，即通过/失败。然而，由于测量特征的连续性，仿真软件测试的结果则是多值的。因此，将多值测试输出转换成二值诊断测试输出是多信号模型提取过程的核心部分。

关于如何选择测试源输入以及测试点并没有普遍使用的统一规则，尤其是在模拟领域。下面的规则通常用来指导测试点选择：

(1) 测试输入应该确保电路组件处于操作的所有可能范围（比如三极管的线性区、截止区和饱和区）。对于频率分析而言，增益和相位的测量频率应该包括 UUT 的正常频率响应的所有角频率。

(2) 测试点的集合应该跨越所有的内部子模块的输入和/或输出引脚。比如通过实验，我们发现，运算放大器的输出引脚对于发生在当与 UUT 输入引脚和运放输出引脚直接的组件故障具有较好的故障可观性。

故障空间是指系统所有可能发生的故障的集合，从物理机制上划分通常包括硬故障和软故障。所谓硬故障又称灾难性故障，是指由于短路或者开路导致的故障。所谓软故障亦称为参数化故障，则是指由于参数偏移导致系统性能参数超出容限的那些故障。故障划分是从功能角度进行的，分为G类故障和F类故障。所谓G类故障是指使系统无法工作的故障。所谓F类故障，是指使系统仍然能工作，但是性能有所下降的故障。这两种故障划分角度不同，存在交叉。在多信号建模中，硬故障被称作G故障，而软故障被称作F故障。

对于电子系统而言，组件类型不同，其故障模式也不同。常见的各种电气组件的故障模式如表3-1所示。

表3-1 常见电气组件的故障模式

<table>
<tr><th>组件类型</th><th>失效模式</th><th>组件类型</th><th>失效模式</th></tr>
<tr><td rowspan="3">电阻、电容、电感</td><td>开路</td><td rowspan="3">晶体三极管（BJT）</td><td>b，c，e开路</td></tr>
<tr><td>短路</td><td>be，ec，cb短路</td></tr>
<tr><td>超出容限</td><td>β超出容限</td></tr>
<tr><td rowspan="2">场效应管
（MOSFET）</td><td>g，d，s开路</td><td rowspan="2">常规二极管
（Diode）</td><td>开路</td></tr>
<tr><td>gd，ds，sg短路</td><td>短路</td></tr>
<tr><td rowspan="3">稳压二极管
（zener diode）</td><td>开路</td><td rowspan="3">继电器</td><td>线圈开路/短路</td></tr>
<tr><td>短路</td><td>触点开路</td></tr>
<tr><td>VB超出容限</td><td>触点固定</td></tr>
<tr><td rowspan="2">传输线</td><td>开路</td><td rowspan="2">变压器
（transformer）</td><td>前级开路</td></tr>
<tr><td>短路</td><td>次级开路</td></tr>
</table>

3.3.3 仿真建立多信号模型的总体思路

多信号模型建模本质是确定测试与故障之间的依赖关系，建模基本思路如图3-2所示。参数化故障取值的连续性及其对系统功能的非致命性影响，使其成为建模难点。由图3-2可见，对于不同的故障类型，建模过程是有区别的。对于硬故障中的G类故障，则可以直接由故障仿真结果确定依赖关系；而对于参数化故障以及硬故障中的F类故障，则需借助于正常容差的仿真来完成阈值估

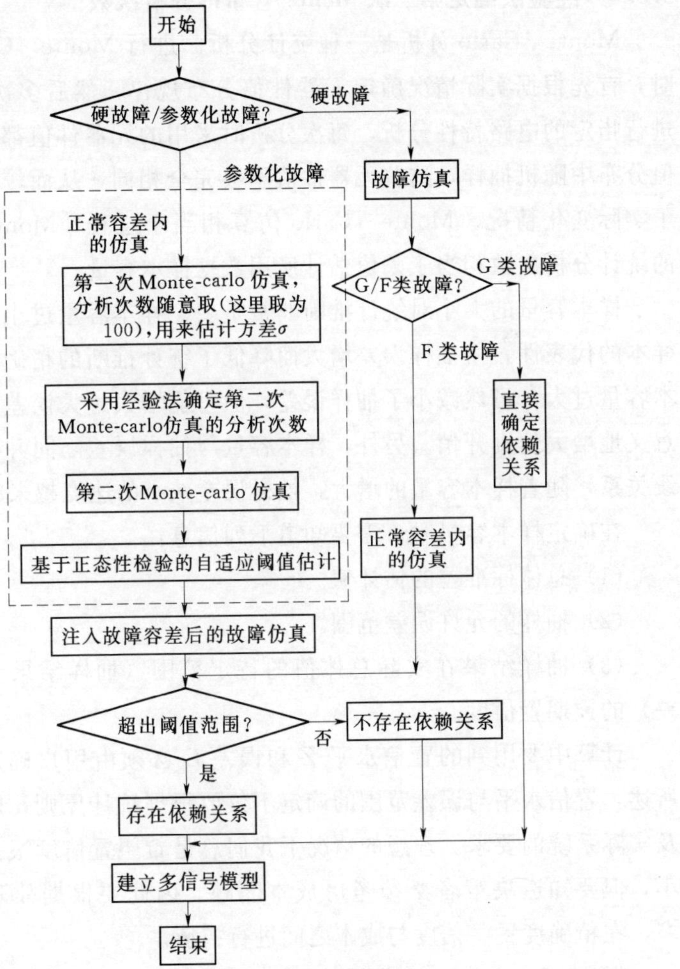

图 3－2　基于仿真的多信号模型建模流程

计，进而确定依赖关系。本书以参数化故障的建模为重点进行阐述，如图 3－2 中虚框所示。可见，阈值估计是在两次 Monte－Carlo 仿真的基础上进行的，而且这两次 Monte－Carlo 仿真所用参数均处于正常容差范围内。然后再利用第二次 Monte－Carlo 仿真所获数据，进行自适应阈值估计。

3.3.4 经验法确定第二次 Monte - Carlo 分析次数

Monte - Carlo 分析是一种统计分析。进行 Monte - Carlo 分析时，首先根据实际情况确定元器件值分布规律，然后多次“重复”进行指定的电路特性分析，每次分析时采用的元器件值都从元器件值分布中随机抽样，这些元器件值不会完全相同，从而较好地代表了实际变化情况。Monte - Carlo 仿真相当于过程，Monte - Carlo 的统计分析次数相当于阈值估计所用数据样本容量。

样本容量的大小对统计推断非常重要。样本容量过小，会影响样本的代表性，使抽样误差增大而降低了统计推断的精确性；而样本容量过大，虽然减小了抽样误差，但可能增大过失误差，而且无意义地增大仿真开销。另外，样本容量与抽样误差之间并不存在直线关系，随着样本容量的增大，抽样误差减小的速度越来越慢。

在确定样本容量时，需要知道下列信息：

(1) 总体标准差的估计值。

(2) 抽样的允许误差范围。

(3) 抽样结果在实际总体值的特定范围（抽样结果±抽样误差）的预期置信度。

计算中要用到的置信水平 Z 和误差 E 必须由用户确定。如前所述，置信水平与误差范围的确定不仅要根据统计原则，同时要顾及实际系统的要求。理想的情况下我们总是希望置信度很高误差很小，但要知道决策者必须考虑成本问题。因此要根据故障诊断要求，在精确度置、信度与成本之间进行权衡。

根据 Monte - Carlo 分析的原理可知，该过程应该属于重复抽样。需注意，本书由 Monte - Carlo 仿真所获取的统计数据属于大样本，因此确保对总体具有代表性的必要样本容量的计算公式为：

$$n=\frac{{Z_\alpha}^2S^2}{\Delta^2}$$

式中：Z_α 中的 α 为精密度，如 $\alpha=0.05$，意思是从总体中反复抽取 100 个容量相同的样本进行调查，可以保证有 95 个样本调查结论不超过极限抽样误差范围；Z_α 为 α 为某值时的标准分，如 $\alpha=0.05$，则 $Z_\alpha=1.96$，$\alpha=0.01$，则 $Z_\alpha=2.58$；S^2 为样本的方差，实际操作通常用总体标准方差的估计值 $\hat{\sigma}^2$ 来代替。其值采用第一次 Monte-Carlo 仿真来估计。第一次 Monte-Carlo 仿真的分析次数原则上任取，为避免不必要的仿真成本，常取较小值，如 100。Δ 为极限抽样误差，如规定 $\Delta=0.05V$，即样本调查结论与总体真值相比，允许相差 $+0.05V$ 或 $-0.05V$，Δ 的大小由研究者根据研究任务的需要自己确定。

从计算样本容量的公式可知：样本容量与精密度成正比，与样本方差成正比，与极限抽样误差成反比。即精密度要求越高，样本容量越大；样本方差越大，样本容量应越大；极限抽样误差越小，样本容量也应越大。实际样本容量常要留一定余量。

3.3.5 正态性检验与自适应阈值估计

阈值估计是建立输出特征在正常情况下取值范围的过程。这一步很关键。模拟组件参数的变化将导致输出的变化，然而，这种变化本质上是随机的，是通过运行一系列 Monte-Carlo 分析来建模的。在每次 Monte-Carlo 仿真过程中，组件参数是在其正常值的附近（附近的范围由用户规定，百分比）随机变化的。通过进行 Monte-Carlo 仿真，可以计算输出特征的样本平均值和方差。每个输出特征的 PASS/FAIL 阈值为 $\hat{\mu}\pm n\hat{\sigma}$，其中 $\hat{\mu}$ 是该输出特征的样本平均值，$\hat{\sigma}^2$ 是该输出特征的样本方差，n 是用户给定的参数。比如 $\pm 3\hat{\sigma}$ 对应于高斯随机变量 99.73％的概率区间。

上述阈值估计是建立在正态分布的前提下进行的。然而对于电子系统而言，其信号的多样性和复杂性决定了不可能所有的信号都呈正态分布。这就意味着要根据信号的不同统计特征进行阈值估计。本书采用偏度和峰值两个统计量来描述某个特定信号的统计特征，进而进行正态分布检验，来判断该特定信号是否符合正态分布，最后根据检验结果进行自适应阈值估计。

利用偏度（Skewness）来判断是否为偏态分布。偏度是描述某变量取值分布对称性的统计量，其取值与偏度对应关系为：

Skewness=0：分布形态与正态分布偏度相同。

Skewness>0：正偏差数值较大，为正偏或右偏。长尾巴拖在右边。

Skewness<0：负偏差数值较大，为负偏或左偏。长尾巴拖在左边。

峰度（Kurtosis）是描述某变量所有取值分布形态陡缓程度的统计量。它是和正态分布相比较的，其取值与正态分布陡缓对应关系为：

Kurtosis=0：与正态分布的陡缓程度相同。

Kurtosis>0：比正态分布的高峰更加陡峭——尖顶峰。

Kurtosis<0：比正态分布的高峰来得平缓——平顶峰。

正态性检验是判断某个统计信号是否符合正态分布所进行的检验。正态性检验的方法有两类：一类对偏度、峰度只用一个指标综合检验；另一类是对两者各用一个指标检验，前者有 W 法、D 法、正态概率纸法等，后者有动差法亦称矩法。这里采用动差法，该方法既能用于小样本资料，亦可用于大样本资料的正态性检验。动差法运用数学上三级动差和四组动差分别组成偏度系数与峰度系数，然后检验资料中否服从正态分布。当频数分布为正态时，偏度系数与峰度系数分别等于 0，但从正态分布总体中抽出的随机样本，由于存在抽样误差，其样本偏度系数 g_1 与样本峰度系数 g_2 不一定为 0，为此，需检验 g_1、g_2 与 0 的相差是否有显著性。其检验假设为：①偏度系数等于 0，即频数分布对称；②峰度系数等于 0，即为正态峰。

偏度系数 g_1、峰度系数 g_2 的计算公式见式（3-1）与式（3-3）。当用频数表资料计算时可用式（3-2）与式（3-4）。

$$g_1=\frac{n\sum(X-\overline{X})^3}{(n-1)(n-2)\left[\sum(X-\overline{X})^2/(n-1)\right]^{3/2}} \tag{3-1}$$

$$g_1=\frac{n\sum fX^3-3\sum fX\sum fX^2+2(\sum fX)^3/n}{(n-1)(n-2)\{\left[\sum fX^2-(\sum fX)^2/n\right]/(n-1)\}^{3/2}} \tag{3-2}$$

$$g_2=\frac{n(n+1)\sum(X-\overline{X})^4}{(n-1)(n-2)(n-3)\left[\sum(X-\overline{X})^2/(n-1)\right]^4}-\frac{3(n-1)^2}{(n-2)(n-3)} \tag{3-3}$$

$$g_2=\frac{(n+1)[n\sum fX^4-4\sum fX\sum fX^3+6(\sum fX)^2\sum fX^2/n-3(\sum fX)^4/n^2]}{(n-1)(n-2)(n-3)\{[\sum fX^2-(\sum fX)^2/n]/(n-1)\}^2}-\frac{3(n-1)^2}{(n-2)(n-3)} \tag{3-4}$$

式中：n 为例数；f 为频数。

g_1、g_2 的抽样误差分别为 S_{g1} 与 S_{g2}，计算公式见式（3-5）与式（3-6）。

$$S_{g1}=\sqrt{\frac{6n(n-1)}{(n-2)(n+1)(n+3)}} \tag{3-5}$$

$$S_{g2}=\sqrt{\frac{24n(n-1)^2}{(n-3)(n-2)(n+3)(n+5)}} \tag{3-6}$$

常用的两种假设检验方法为：t 检验和 u 检验。当样本容量 n 较大时，样本均值符合正态分布，故可用 u 检验进行分析；当样本容量较小时，若观察值符合正态分布，此时，样本均值符合 t 分布，所以可以用 t 检验来进行分析。但在实用时，只要样本例数 n 较大，或 n 小但总体标准差 σ 已知时，就可应用 u 检验；n 小且总体标准差 σ 未知时，可应用 t 检验。本书中假设检验用 u 检验，其计算公式见式（3-7）、式（3-8）。

$$u_1=g_1/S_{g1} \tag{3-7}$$

$$u_2=g_2/S_{g2} \tag{3-8}$$

显著性水平表示 H_0 为真时拒绝 H_0 的概率，即拒绝原假设所冒的风险，用 α 表示，选定 $\alpha=0.05$，0.01。查正态分布分位数表可确定临界值 $Z_{1-\alpha/2}=Z_{0.975}\approx1.96$；$Z_{1-\alpha/2}=Z_{0.975}\approx2.58$。据样本文数据计算检验统计量的具体值，查表计算 P 值（拒绝原假设的最小显著性水平），并与临界值比较，得出如下统计检验推断，即 u 的显著性界限为：

$|u|<1.96$，$P>0.05$，在 $\alpha=0.05$ 的水准上接受 H_0。

$1.96\leqslant|u|<2.58$，$0.05\geqslant P>0.01$，在 $\alpha=0.05$ 的水准上拒绝 H_0。

$|u|\geqslant 2.58$，$P\leqslant 0.01$，在 $\alpha=0.01$ 的水准上拒绝 H_0。

阈值区间的准确程度直接关系到建模的精度，如能根据信号分布情况自适应地确定阈值，则无疑会提高建模的准确度。由上述正态性检验，可得到关于信号分布的定性结论。具体而言，考虑检验假设①，如根据统计数据算得 $|u_1|<1.96$，则表示某特征信号为对称分布，且这一结论的把握程度为95%；如 $1.96\leqslant|u_1|<2.58$，则表示某特征信号为非对称分布，且这一结论的把握程度为95%；如 $|u_1|\geqslant 2.58$，则表示某特征信号为非对称分布，并且这一结论的把握程度为99%。类似地，考虑检验假设②，如根据统计数据算得 $|u_2|<1.96$，则表示某特征信号为正态峰，且这一结论的把握程度为95%；如果 $1.96\leqslant|u_2|<2.58$，则表示某特征信号为非正态峰，且这一结论的把握程度为95%；果 $|u_2|\geqslant 2.58$，则表示某特征信号为非正态峰，且这一结论的把握程度为99%。正态峰的峰度系数为0，如果计算出的 $g_2>0$，且具有一定的显著性，则为尖峭峰；如果 $g_2<0$，且具有一定的显著性，则为平润峰。

根据前述正态性检验的结果，进行自适应阈值估计，以确定正常值区间：

(1) 如果是正态分布时，数据的99.7%正常值区间为 $[\hat{\mu}-3\hat{\sigma}, \hat{\mu}+3\hat{\sigma}]$，该范围包含了99.7%的数据。

(2) 如果不是正态分布，且为正态峰的偏态分布，或为平润峰时，数据的正常值区间为［0.15分位数，99.85分位数］，该范围包含了99.7%的数据。

(3) 如果不是正态分布，且为尖峭峰，则根据Chebyshev定理可知：$[\hat{\mu}-4\hat{\sigma}, \hat{\mu}+4\hat{\sigma}]$，至少 $1-1/k^2=1-0.25^2=94\%$ 的数据落在了该区间内。

3.3.6　样本均值和方差的置信区间

在 Monte - Carlo 仿真背景下，另外一个重要的问题是样本均值（mean）和方差的置信区间［仿真输出的样本均值（average）及方差距离其真实值有多远］，即反映估计值的真实可变性，用来评价和说明阈值估计的准确性。

统计学中有一个重要的定理——中心极限定理。中心极限定理是阐述大量随机变量之和极限分布的一系列定理的总称。中心极限定理告诉我们：来自某总体的一个大样本，无论该总体服从什么分布，其样本均值都近似服从正态分布。由此可知，对于足够多次数的 Monte - Carlo 仿真而言，待测特征的样本均值可以认为是符合高斯分布的。由于本书中均确定为大样本情况，所以其均值的置信区间为：

$$\hat{\mu}-Z_{\alpha/2}\hat{\sigma}\leqslant\mu\leqslant\hat{\mu}+Z_{\alpha/2}\hat{\sigma} \tag{3-9}$$

式中：$\hat{\mu}$ 为样本平均值；$\hat{\sigma}$ 为样本标准差；μ 为真实均值。

类似地，高斯分布的方差的置信区间为：

$$\hat{\sigma}-Z_{\alpha/2}\hat{\sigma}/\sqrt{2N}\leqslant\sigma\leqslant\hat{\sigma}+Z_{\alpha/2}\hat{\sigma}/\sqrt{2N} \tag{3-10}$$

式中：N 为 Monte - Carlo 运行的次数；$\hat{\sigma}$ 为样本标准差；σ 为真实标准差。

3.3.7　多信号模型的提取

测量空间（measurement space）：针对给定输入激励而在给定测试点测量得到的某个特征，在所有可能的故障情况下，将生成一个输出值的范围，被称作该测试的测量空间。

这个测量空间被分成若干个区间（bins）。每个区间则由一个上限和一个下限阈值来定义。第一个区间，也称作正常值区间（normal bin），覆盖被测单元输出在该测试下正常值范围。这个区间的阈值范围由 3.3.5 小节的自适应方法确定，这里并没有考虑仪器的测量误差 $instr_c$，它是测量输出所用的仪器的最小刻度，表征了仪器测量的准确程度。如果故障导致输出落于该区间之外，则可以认为该故障被检测出来，从而将仿真软件中的多值输出转换成二值测试输出，并且该区间仅与唯一的一个信号相对应。

检测范围（detection range）：是指测量空间中超出正常值阈值范围的部分。对于检测范围，有三种区间划分策略：2-区间，3-区间，N-区间。2-区间法将所有超出正常值阈值范围的检测访问作为第二个区间，因而不需要额外的处理。3-区间法则是将检测范围分成两部分：大于正常值阈值范围的部分（特征输出值$>\hat{\mu}+\delta$）称作正检测区间，而另外一侧（特征输出值$>\mu-\delta$）称为负检测区间。N-区间则是将正检测区间和负检测区间进一步划分成多个区间（二进制划分 binary partitioning），直到最小的区间宽度小于 max（$6\hat{\sigma}$，$instr_c$）。显然，N-区间产生最高的故障隔离指标，而 2-区间故障隔离程度最低。然而，在参数波动时（软故障），N-区间相对 2-区间也更容易产出诊断错误。另外，还可以通过聚类算法来划分区间。本书采用了 2-区间法。具体而言，借助于 Monte-Carlo 仿真得到大量统计数据，通过综合分析处理，估计出电路无故障时输出特征的阈值范围。特定故障下的输出超出该阈值，则表示该故障与当前讨论信号存在依赖关系，D 矩阵相应位置为 1。如不超出阈值，则不存在依赖关系，D 矩阵相应位置为 0。

3.4 实例分析

为简单起见，这里选用参考文献［125］中电路的第一级放大器电路为例，如图 3-3 所示。测试点假设在 TP_1，激励在 P_1 点加入，即测试点的有限集为 $TP=\{TP_1\}$。与该电路关联的信号有 s_1（增益 gain）、s_2（线性度 linearity）、s_3（转换速率 slew rate）、s_4（直流偏置 d. c. offset），即系统中的独立信号有限集为 $S=\{s_1,s_2,s_3,s_4\}$。电路中组件节点的集合为 $C=\{c_1,c_2,\cdots,c_L\}=\{R_1,R_2,R_3,A_1\}$。

3.4.1 信号特征的仿真实现

仿真软件选用 NI 的 multisim10.1。设电路正常工作时，各元器件的容差为 10%，当电路中某个元件出现参数化故障（软故障）时，其容差分别为 20%、30%、40%，已知在 P_1 处的输入为 1 V r. m. s、

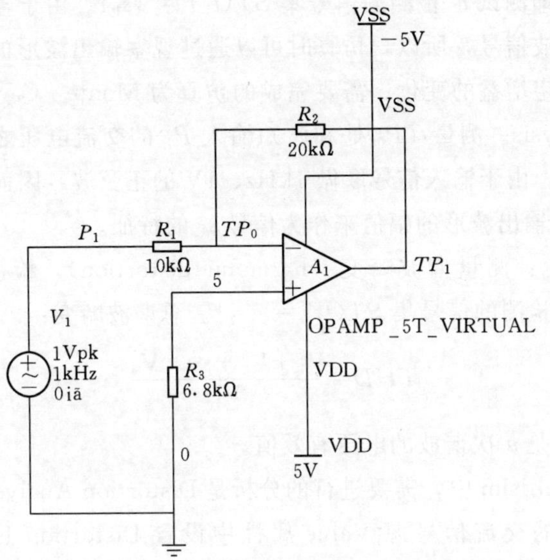

图 3-3　电路原理图

1 kHz 的正弦波，则在测试点 TP_1 完成的测试有 $SP(TP_1)=\{t_1,t_2,t_3,t_4\}$，其中测试的有限集表示为 $T=\{t_1,t_2,t_3,t_4\}$。

（1）. t_1：测量直流电压，检测信号 s_5，即测试 t_1 检测的信号集 $ST(t_1)=\{s_5\}$。需要完成的仿真为 Monte-Carlo 的 transient analysis。仿真输出变量为 TP_1 点的电压。由于输出波形为正弦波，所以才可以用式（3-11）、式（3-12）去计算直流偏移。打开游标，依次读出每条 Monte-Carlo 仿真曲线的最大值和最小值。由于这两个值波形的延伸会有细微的变化，所以，约定每次测量仅考虑第一个周期内的值。将 Monte-Carlo 仿真波形通过 Excel-link 输入 Matlab 进行处理，计算其 d.c. offset（具体过程略）。

$$V_{amplilude}=\frac{V_{\max}-V_{\min}}{2} \tag{3-11}$$

$$V_{offset}=V_{\min}+V_{amplilude} \tag{3-12}$$

（2）t_2：测量 TP_1 处和已知输入 P_1 的交流电压之比率，检测

信号 s_1，即测试 t_2 检测的信号集 $ST(t_1)=\{s_1\}$。由于输入信号是单位正弦波信号，所以，仿真时可以通过观察输出波形的峰值变化情况来确定增益的变化。需要完成的仿真为 Monte - Carlo 的 transient analysis。测量 TP_0 处和已知输入 P_1 的交流电压之比率，检测信号 s_1。由于输入信号取做 1kHz、1V 的正弦波，因而可以用测量 TP_0 处输出波形的幅值来作为信号 s_1 的特征。

（3）t_3：测量谐波畸变（harmonic distortion），检测信号 s_2，即测试 t_3 检测的信号集 $ST(t_2)=\{s_2\}$。总谐波畸变：

$$THD=\frac{V_1^2+V_2^2+\cdots+V_n^2}{V_1^2} \tag{3-13}$$

式中：V_n 是 n 次谐波的电压有效值。

在 multisim 中，需要进行的分析是 Distortion Analysis。首先，要在电路的交流信号源 Value 属性中设置 Distortion Frequency1 Magnitude 项，如图 3 - 4 所示。其次，在 Distortion Analysis 中设置，如图 3 - 5 所示。然后进行仿真，得到仿真波形（这里只举例

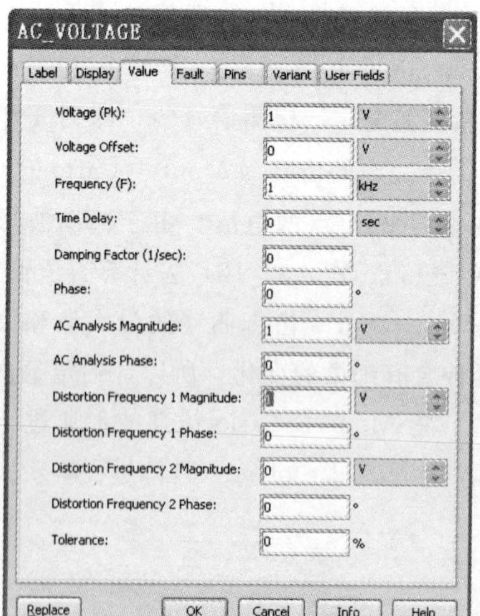

图 3 - 4　设置交流信号源 Value 属性

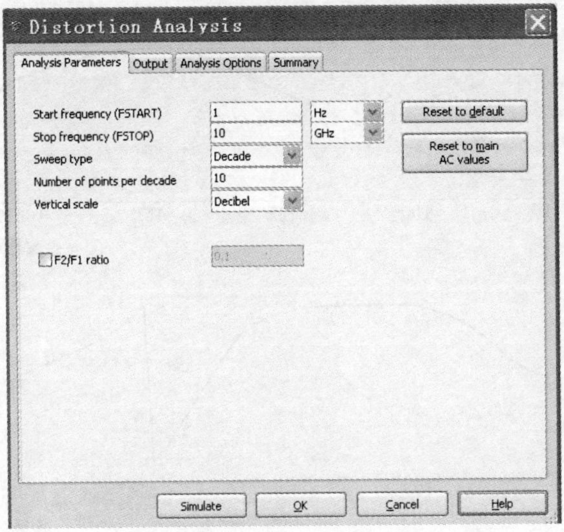

图 3-5　测量谐波畸变时在 Distortion Analysis 中的设置

正常值时的情况）。

由图 3-6 可见，在 TP_1 处的测量输出电压中含有二次和三次谐波。最后可以将波形数据存于 Excel 中，然后利用 Matlab 来计算其 TDH。Matlab 中用来计算 TDH 的函数是 Matlab7 \ toolbox \ simulink \ simdemos \ simfeatures \ ssinthd. m。该函数要求输入的应该是正弦波。所以应该用 Monte-Carlo 仿真 TP_1 电压，然后，依次把输出的正弦波通过 Excel _ link 输入 Matlab 进行计算（详细过程略）。

（4）t_4：施加一个高频、大幅的正弦波，观察输出正弦波在穿越零点时的斜率，检测 s_4，即测试 t_4 检测的信号集 $ST(t_2)=\{s_4\}$。

转移速率是指运算放大器在大幅度阶跃信号的作用下输出信号所能达到的最大变化率，单位为 V/μs。影响运算放大器转移速率的主要因素是放大器的高频特性和相位补偿电容。一般补偿电容越大，转移速率越慢。对正弦信号而言，转移速率 S_R 决定了放大器在高频时所能达到的最大不失真幅度 U_{omax}：

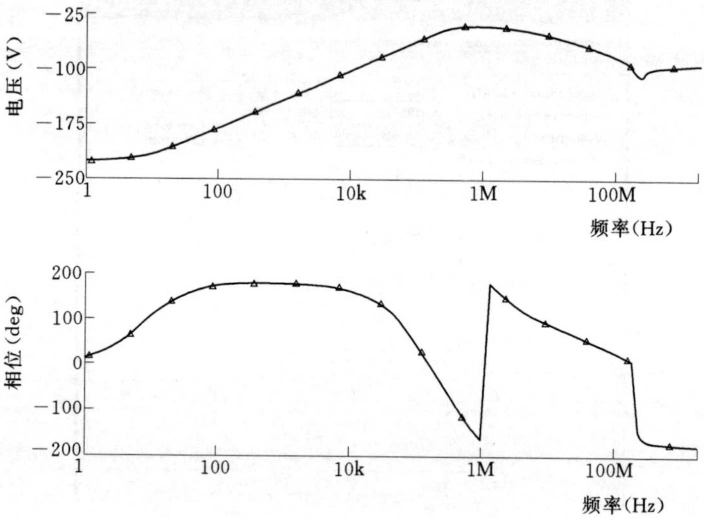

(a) 失真——二次谐波

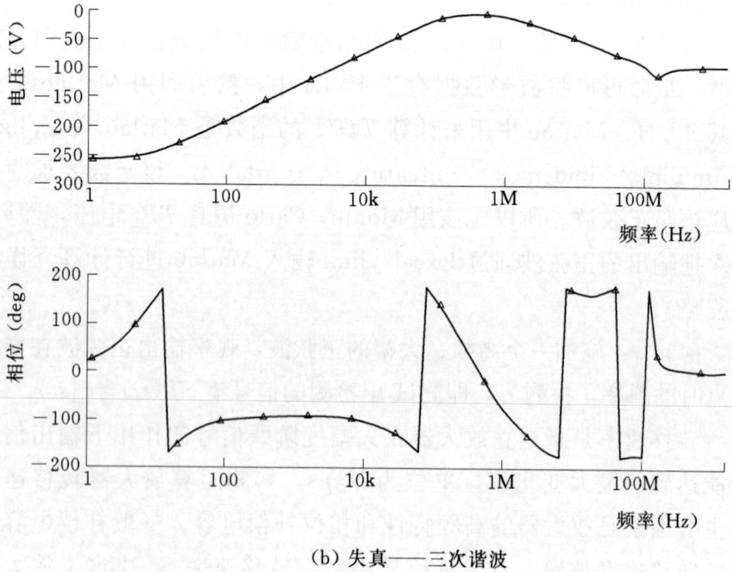

(b) 失真——三次谐波

图 3-6　电路正常取值时的二次谐波和三次谐波

$$U_{\mathrm{omax}}=\frac{S_R}{2\pi f_{\max}} \tag{3-14}$$

对脉冲信号而言，转移速率 S_R 决定了输出波形所能达到的上升和下降时间。

转移速率 S_R 的测试电路需要进行 Monte-Carlo 的 transient analysis，信号源输出 10kHz 的方波，峰—峰值为 5V，仿真得到输入、输出波形。首先将输入、输出波形通过 Excel-link 输入到 Matlab，然后进行计算转换率，其测试原理如图 3-7 所示，图中 u_i 为输入波形、u_o 为输出波形。

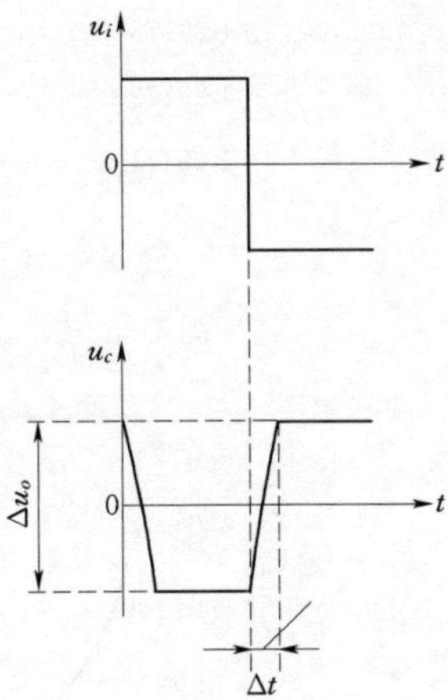

图 3-7　转移速率 S_R 的测试原理

$$S_R=\frac{\Delta U}{\Delta t} \tag{3-15}$$

式中：Δt 为输出电压 U_o 从最小值升到最大值所需要的时间。转移速率越大，说明运算放大器对输入信号的瞬时变化响应越好。注意：输出波形的上升速率和下降速率可能不一样，所以可以取二者的平均值。为简单起见，这里只详细举例信号 s_1 与各故障源的关联关系确定，仿真波形如图 3-8～图 3-18 所示。

观察图 3-8～图 3-18 中的波形可知，R_3 短路及 A_1out 开路两种故障情况下，其输出波形与正常值波形相同，因此属于 F 故障。除此两种情况以外，其他故障源都属于 G 故障。另外，对于各个组件的参数超限故障，都属于 F 故障。对于 G 故障而言，直接由波形便可以判断是否与该输出信号具有依赖关系。然而对于 F 故障而言，输出波形与正常波形一样，此时需要采用 Monte-Carlo 仿真，同时借助于 Matlab 进行统计数据处理，最后利用统计数据来确定是否存在依赖关系。具体而言，假设 R_1、R_2、R_3 的正常容错为 10%，根据 Monte-Carlo 仿真得到的正常输出阈值区间，如果输出

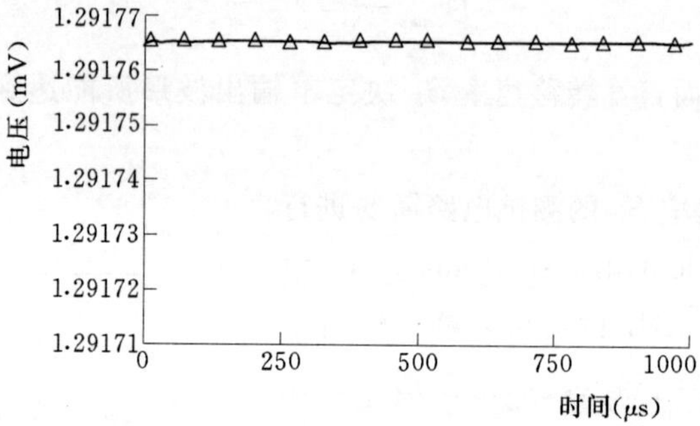

图 3-8　信号 s_1 对应 R_1 开路故障源的仿真结果

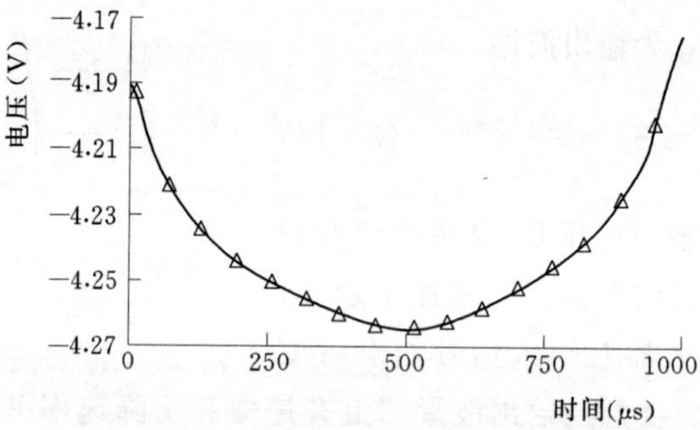

图 3-9　信号 s_1 对应 R_1 短路故障源的仿真结果

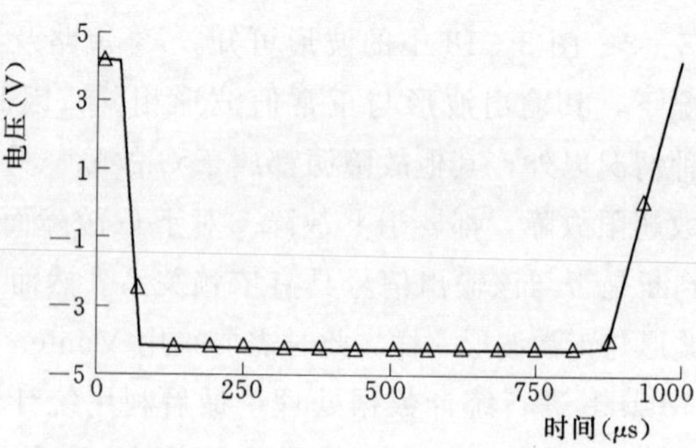

图 3-10　信号 s_1 对应 R_2 开路故障源的仿真结果

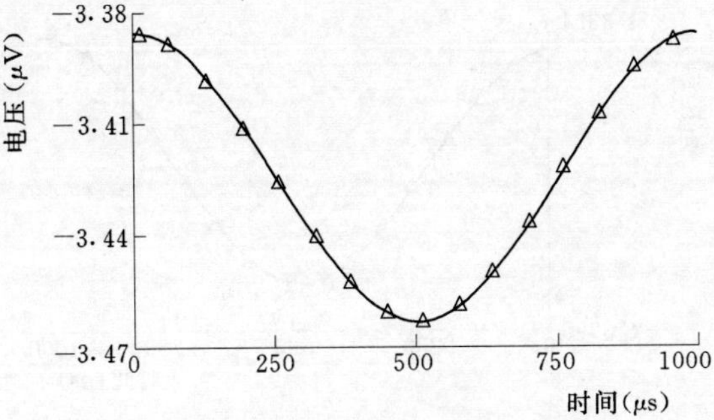

图 3-11　信号 s_1 对应 R_2 短路故障源的仿真结果

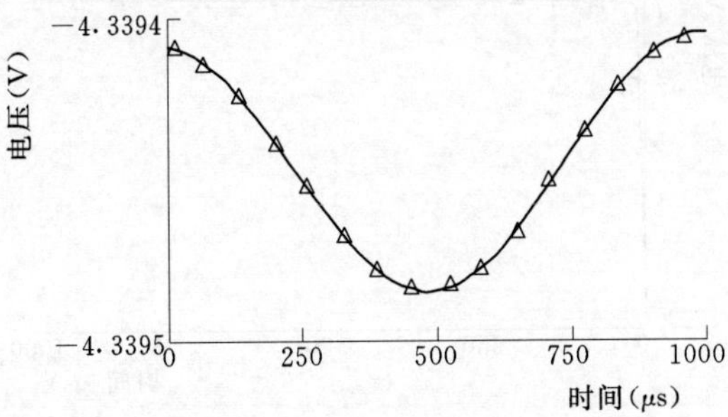

图 3-12　信号 s_1 对应 R_3 开路故障源的仿真结果

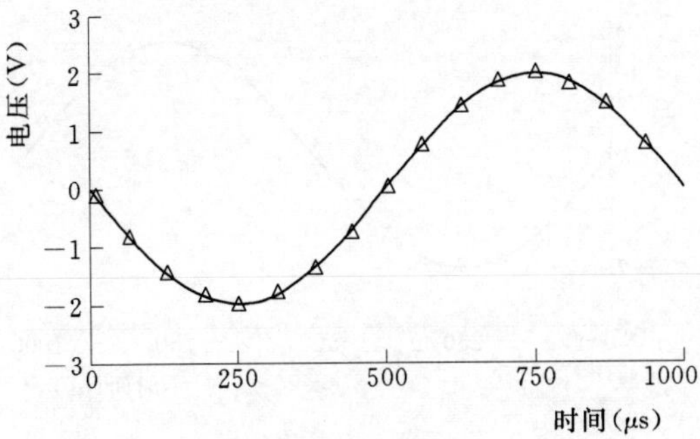

图 3-13　信号 s_1 对应 R_3 短路故障源的仿真结果

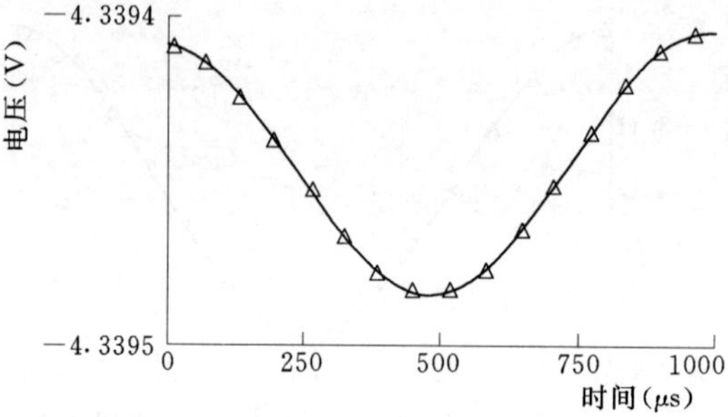

图 3-14　信号 s_1 对应 A_1 IN+开路故障的仿真结果

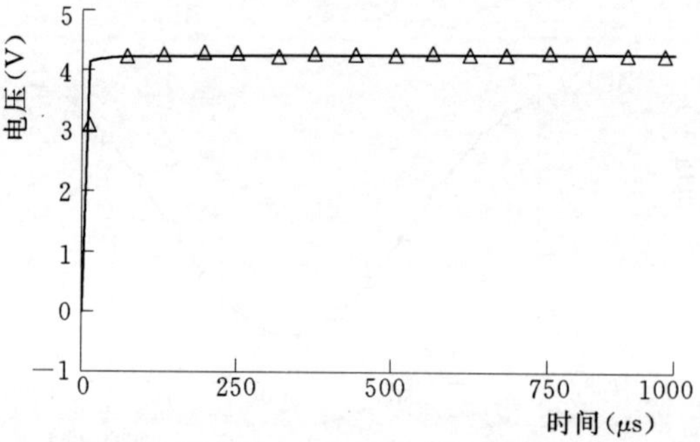

图 3-15　信号 s_1 对应 A_1 IN−开路故障的仿真结果

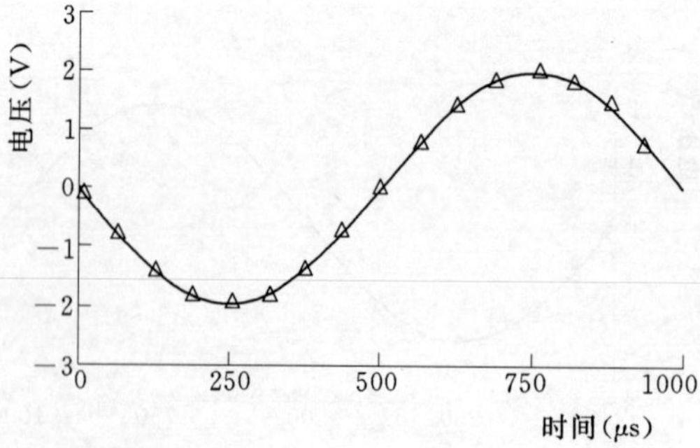

图 3-16　信号 s_1 对应 A_1out 开路故障的仿真结果

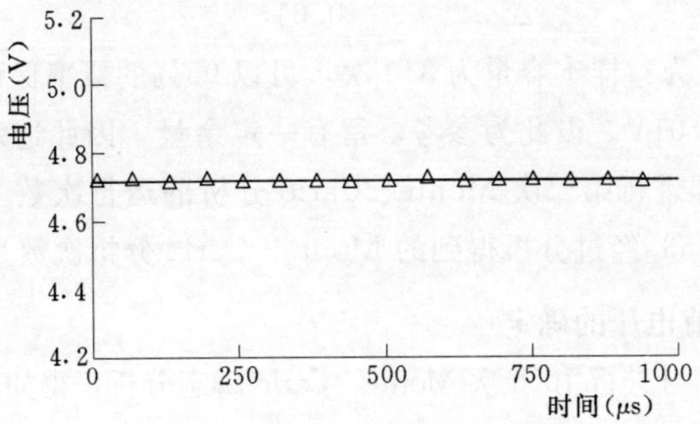

图3-17　信号 s_1 对应 A_1outV+短路故障的仿真结果

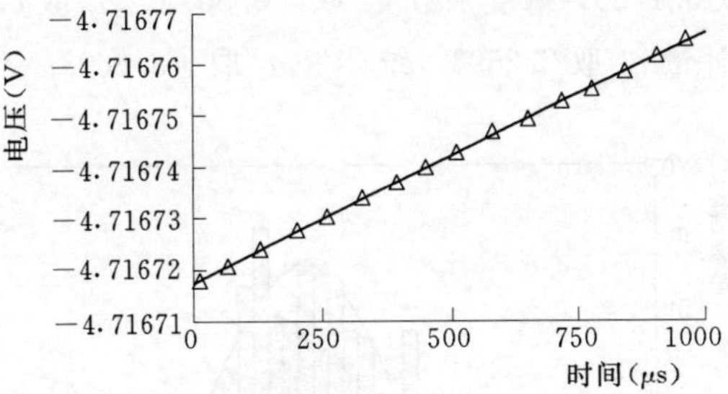

图3-18　信号 s_1 对应 A_1outV-短路故障的仿真结果

在这个范围，则被当做正常，相反，如果超出这个范围，则被认为存在故障。即该信号与当前讨论的故障源之间存在依赖关系。需要特别说明的是关于 A_1 的参数化故障，主要通过改变共模抑制比（CMRR）值来实现。

3.4.2　第二次 Monte-Carlo 分析次数的确定

$\alpha=0.05$，则 $Z_\alpha=2$，即在95%的可靠性概率下，采用第一次 Monte-Carlo 分析100次来估算样本的方差，$S^2=0.143735^2$，由于输出电压量纲为V，所以给定极限抽样误差为 $\Delta=10\text{mV}=0.01\text{V}$，根据 Monte-Carlo 分析的原理可知，该过程应该属于重复抽样。代入式（3-11）：

$$n=\frac{Z_{\alpha}{}^{2}s^{2}}{\Delta^{2}}=\frac{2^{2}\times 0.143735^{2}}{0.01^{2}}=840$$

其物理意义为：样本容量为840次，可以95%的概率保证均值的误差最大为0.01V。以此为参考，留有一定余量，因此选定样本容量为1000，即进行第二次Monte-Carlo分析的运行次数。此分析与参考文献[153]经过分析得到的Monte-Carlo分析次数是相符的。

3.4.3 阈值电压的确定

对 s_1 信号进行1000次Monte-Carlo瞬态分析，得如图3-19的数据频数直方图。图中曲线为均值方差相同的正态分布曲线，用于比对。该样本的统计参数分别为：均值取2.8026，方差取0.2320，偏度系数 g_1 取0.1755，峰度系数 g_2 取−0.5670，S_{g1} 取0.0773，S_{g2} 取0.1545，统计量 u_1 取2.2697，统计量 u_2 取−3.6693。

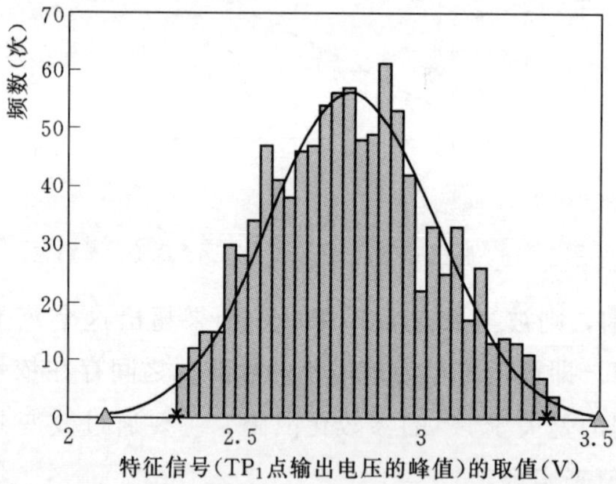

图3-19 正常时特征信号输出的频数直方图

由于 $|u_2|>2.58$，因而该信号分布不是正态峰，且由于 $g_2<0$，属于平润峰；另外 $1.96<u_1<2.58$，因而该信号分布不对称，即偏态，且这结论的把握度为95%。据自适应确定阈值，这时阈值估计为［0.15分位数，99.85分位数］=［2.3094，3.3611］，如图3-19中‘*’所示。而如按正态分布确定阈值，应为［$\hat{\mu}-3\hat{\sigma}$，

$\hat{\mu}+3\hat{\sigma}$] = [2.1067, 3.4984]，如图 3-19‘▲’所示。显然在保证相同置信度前提下，阈值确定更准确。

3.4.4　D 矩阵模型提取

分别对 R_1、R_2、R_3、A_1 注入参数化故障，如发现超出上述阈值，则该故障源与信号 s_1 相关，则相应的 D 矩阵中的元素为 1，否则为 0。例：R_2 阻值修改为 24kΩ/16kΩ，即为额定值的±20%，设其容差为 10%，相当于使 R_2 在额定值的 10%～30%之间按均匀分布波动，其他参数仍保持 10%的容差（即正常状态），且均匀分布。进行 MC 仿真后，得到输出特征信号的取值范围为 [2.7719, 4.0249] / [1.85209, 2.69722]，此范围明显超出正常时阈值 [2.3094, 3.3611]，这说明 R_2 的参数故障与信号 s_1 相关。

再如设 R_3 阻值改为 8.16kΩ/5.44kΩ，即为额定值的±20%，且设定其容差为 10%，相当于使 R_2 容差在额定值的 10%～30%之间波动，且呈均匀分布，同时其他参数仍保持 10%的容差（即正常状态），且均匀分布。进行 MC 仿真后，得到输出特征信号的取值范围为 [2.32682, 3.35511] / [2.32375, 3.37729]，由于该范围没有明显超出正常时阈值 [2.3094, 3.3611]，这就说明 R_3 的参数故障与信号 s_1 不相关。进一步增大 R_3 的偏移，设 R_3 的阻值修改为 9.52kΩ/4.08kΩ，即为额定值的±40%，且设定其容差为 10%，相当于使 R_3 容差在额定值的 30%～50%之间波动，且呈均匀分布，同时其他参数仍保持 10%的容差（即正常状态），且均匀分布。进行 MC 仿真后，得到输出特征信号的取值范围为 [2.32422, 3.38662] / [2.30632, 3.38311]，由于此范围与正常时阈值 [2.3094, 3.3611] 基本一致，这进一步验证了 R_3 的参数故障与信号 s_1 不相关。

而对于图 3-8～图 3-12、图 3-14、图 3-15、图 3-17、图 3-18 中所示故障均属于 G 类故障，由于其波形明显偏离正常情况，因而可以由波形直接确定这些故障必然与 s_1 信号存在依赖关系。

按照这种方法建立的该电路的 D 矩阵如表 3-2 所示。

表 3-2　电路的 D 矩阵

项　目	s_1	s_2	s_4	s_5
R_1G	1	1	1	1
R_1F	1	0	0	1
R_2G	1	1	1	1
R_2F	1	0	0	1
R_3G	1	1	1	1
R_3F	0	0	0	1
A_1G	1	1	1	1
A_1F	1	1	1	1

经验证，此矩阵与参考文献[125]中的所建模型相符。

3.4.5　仿真建模方法分析及比对

为了说明本章所阐述的仿真建模方法相对于参考文献[153]中的仿真建模方法的性能，针对该实例分析，其比对结果如表 3-3 所示。表中的仿真开销用 Monte-Carlo 仿真次数表示。本章的方法中确定 Monte-Carlo 分析次数时，只需要进行一次运行次数为 100 的 Monte-Carlo 分析，利用经验公式计算确定 Monte-Carlo 分析次数时，取其估计值，也即确定阈值需要 2 次 Monte-Carlo 仿真。而参考文献[153]则需要绘制某特征信号关于 Monte-Carlo 分析次数的关系图，即意味着要进行若干次（大于 1 次）的 Monte-Carlo 分析，即确定阈值需要远大于 2 次的 Monte-Carlo 仿真。显然，本章的方法仿真的时间开销大大减小了。而建模的准确度则用所估计的域值区间宽窄和偏移情况以及置信度共同表示，因为在相同置信度下，估计的域值区间越宽，其有效意义越小。极限情况下，估计域值区间无穷大，显然此估计是毫无实际意义的。另外，域值区间如果偏离实际情况，必然会造成误诊率很高。本章的仿真方法在输出信号为各种分布情况下，都能在保证得到具有适当置信水平的阈值区间，而参考文献[153]的方法则只能保证在输出信号符合正态分布时得到具有适当置信水平的阈值区间，而在输出信号为其他形状分布时得到的阈值区间则不保证具有一定的置信度，因而，此时所估计的阈值区间的准确性必然受到质疑。由表3-3可知，本章仿真建模方法不仅减少了仿真开销，而且提高了建模精度。

表3-3 仿真建模方法结果比对

项目	仿真时间分析	精度分析		
	Monte-Carlo仿真次数	正态信号	具有正态峰的偏态信号/平润峰	非正态分布信号，且为尖峭峰
参考文献[125，153]方法	远远大于2次	$[\hat{\mu}-3\hat{\sigma}, \hat{\mu}+3\hat{\sigma}]$ 置信度99.7%	$[\hat{\mu}-3\hat{\sigma}, \hat{\mu}+3\hat{\sigma}]$，置信度不能保证	$[\hat{\mu}-3\hat{\sigma}, \hat{\mu}+3\hat{\sigma}]$；置信度不能保证
本章方法	2次	$[\hat{\mu}-3\hat{\sigma}, \hat{\mu}+3\hat{\sigma}]$ 置信度99.7%	[0.15分位数，99.85分位数] 置信度99.7%	$[\hat{\mu}-4\hat{\sigma}, \hat{\mu}+4\hat{\sigma}]$ 置信度94%

3.5 本章小结

采用多信号模型对大型复杂系统建模具有明显的优势。本章重点讨论了基于仿真建立电子系统的多信号模型的方法，阐述了复杂程度较低的子系统级多信号模型的建模方法，即基于自适应阈值估计的多信号仿真建模方法。依赖于仿真所获得的数据，本章方法一方面给出了确定Monte-Carlo分析次数的经验方法，从而消除了确定Monte-Carlo分析次数时所需的仿真量，进一步减少了仿真的时间开销；另一方面，采用自适应的方法来确定阈值，从而进一步提高了建模的精度；最后，通过仿真验证了方法的有效性。

第 4 章 分层递阶的系统级多信号建模

4.1 引言

现代电子系统功能越来越复杂，尽管目前存在许多电子系统的 EDA 仿真软件，然而利用这些软件进行仿真时，通常电路仿真的规模都只能局限于中—小规模电子系统，对于大规模的电子系统，无法通过上述的仿真建模方法来直接建立其多信号模型。而对于如此复杂的电子系统，传统依赖于专家经验的方法更不可行。因而解决这种复杂电子系统建模的唯一途径就是采用分而治之、分层递阶建模的方式。通过系统划分，将大系统转化成小模块，从而降低建模难度。且系统划分越细，其最底层的模块建模越容易。当系统模块划分足够小时，对于子模块，由于其复杂度相对较低，不论依赖专家经验，还是依赖仿真，其信号与故障的直接关联性也相对比较容易确定。然而，在得到最底层模块多信号模型之后，如何将各个模块的多信号模型整合成系统级的多信号模型，则成为建模过程中一个亟待解决的问题。

多信号建模及故障诊断技术目前相关技术文献很难查到，只有参考文献[111]指出：对于大型复杂系统，可以采用分层的策略进行多信号建模。然而却缺乏具体详细的建模描述。本章阐述了分层递阶建立多信号模型的算法。通过可达性逐层合并以及 D 矩阵逐层合并的方法，从而最终获得系统级 D 矩阵。

4.2 基本思路

图 4－1 表示分层递阶求取 D 矩阵的总体框架，图中的每一个

小方框代表不同层次上的模块划分。从最底层开始，按照模块之间的层属关系，逐层合并 D 矩阵，最终得到整个系统的 D 矩阵。

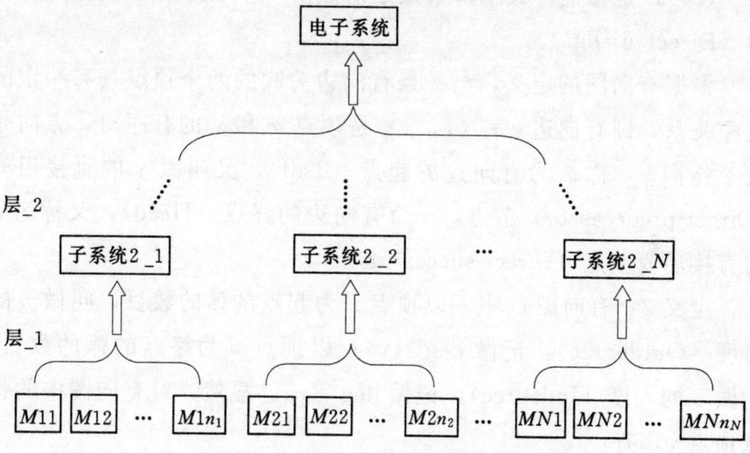

图 4-1　电子系统的递阶分层关系

这种分层递阶求取 D 矩阵的方法只需输入最底层各个模块的 D 矩阵，并已知模块之间的层属关系。而由于底层模块的复杂程度相对都较低，通过仿真软件可以比较容易地获得其 D 矩阵，从而为求取大型复杂系统的 D 矩阵奠定了基础。对于系统级的 D 矩阵只需要按照本章所阐述的分层递阶建模算法计算得到。这种方法实际上是由底及上（Bottom - up）的方法，大大降低了系统级多信号建模的难度。

4.3　图论相关基础理论

图论作为运筹学的一个重要分支，已经被广泛应用于物理学、化学、控制论、信息论、科学管理、电子计算机等各个领域。在工程实践中，有许多问题都可以借助图论来解决。例如最短路径问题、运输问题、最小费用最大流问题等。下面是本书中涉及的一些图论基本常识。

定义 1：有向图（Digraph）G 定义成一个偶对 $G=\langle V, E\rangle$。

其中：

（1）V 是非空集合，其元素成为顶点（Vertices or Nodes）。

（2）E 是弧集，其中每条弧是顶点的一个有序对，又称为有向边（Directed edge）。

根据有向图的定义，与一条有向边关联的两个顶点具有一定的次序关系，即有向边 $e=\langle x, y\rangle$ 是顶点 x 和 y 的有序对，方向是从 x 指向 y，称 x 为有向边的起点（Tail），又叫做 y 的直接祖先（Direct predecessor）节点，y 为有向边的终点（Head），又称为 x 的直接后裔节点（Direct successor）。

定义 2：有向图 G 中，以顶点 v 为起点的弧的数目，叫做 v 的出度（Outdegree），记做 $\deg^+(v)$；以顶点 v 为终点的弧的数目，叫做 v 的入度（Indegree），记做 $\deg^-(v)$。显然，对有向图中的任意顶点 v，有：

$$\deg(v)=\deg^+(v)+\deg^-(v) \tag{4-1}$$

定义 3：对于有向图 $G=\langle V, E\rangle$，构造一矩阵 A：

$$A=(a_{ij})_{n\times n}$$

其中

$$n=|V|$$

$$a_{ij}=\begin{cases}1 & \langle v_i, v_j\rangle \in E \\ 0 & \text{其他}\end{cases} \tag{4-2}$$

则称矩阵 A 是有向图 G 的邻接矩阵（Adjacent matrix），给出了有向图的全部连接信息。

定义 4：有向图 $G=\langle V, E\rangle$ 的一个顶点和边的交替序列 $\mu=v_0e_1v_1\cdots v_{k-1}e_kv_k$，且边 e_i 的端点为 v_{i-1} 和 v_i，$i=1, 2, \cdots, k$，则称 μ 为一条有向路径（Directed Path），v_0 和 v_k 分别称为 μ 的起点和终点。特别，如果 μ 中所有的边均不相同，则称其为简单道路。以 v_0 为起点，v_k 为终点的道路记为（v_0，v_k）道路。如果道路 μ 中 $v_0=v_k$，称 μ 为有向圈（Directed cycle）。

定义 5：如果有向图 $G=\langle V, E\rangle$ 中存在有向路径（u，v），就

称顶点 v 为从 u 可达的。如果两个顶点 u 和 v 为彼此可达的，则称 u 和 v 为双向连通的。

定义 6：设有向图 $G=\langle V, E\rangle$，对 G 的每一条有向边 E 赋以特定权值，则 G 连同在它边上的权称为赋权有向图（Weighted Graph）。普通的有向图可以看成是权值为 1 的特殊情况。有向边的权表示它的长度，路径的长度即为该路径上所有有向边的长度之和。

定义 7：对于有向图 $G=\langle V, E\rangle$，构造一矩阵 D_d：

$$D_d = (d_{ij})_{n\times n}$$

其中

$$n=|V|$$

$$d_{ij}=\begin{cases} l_{ij} & \langle v_i, v_j\rangle \in E,\ l_{ij}\text{为有向边的长度} \\ 0 & i=j \\ \infty & \langle v_i, v_j\rangle \notin E \end{cases} \tag{4-3}$$

则称矩阵 D_d 是有向图 G 的距离矩阵（Distance matrix）。该距离矩阵表达了有向图的一阶可达信息，即从节点 v_i 到节点 v_j 存在一步可到的路径的情况。

定义 8：在赋权图中给定一个顶点 v_i 作为始点及顶点 v_j 作为终点，所谓最短路径问题，就是在 v_i 和 v_j 之间的所有路径中，寻求长度最小的路径，这样的路径称为从 v_i 到 v_j 的最短路径。

定义 9：对于有向图 $G=\langle V, E\rangle$，构造一矩阵 D_{dm}：

$$D_{dm} = (d_{ij})_{n\times n}$$

其中

$$n=|V|$$

$$d_{ij}=\begin{cases} l_{ij} & v_i, v_j \in V,\ l_{ij}\text{为从 } v_i \text{ 到 } v_j \text{ 的最短有向路径的长度} \\ 0 & i=j \\ \infty & v_i, v_j \notin V,\ \text{从 } v_i \text{ 到 } v_j \text{ 不存在有向路径} \end{cases} \tag{4-4}$$

则称矩阵 D_{dm} 是有向图 G 的最短路径距离矩阵。该距离矩阵表达了有向图的完整的可达信息，即包含了高阶可达信息。

4.4 分层递阶建模算法描述

4.4.1 算法基本思路

对于大型复杂系统，其节点数目众多，测试与故障的依赖关系错综复杂，显然如果直接去建立其多信号模型，无论是基于专家经验，还是基于仿真，都是不可能的。因而必须采取分而治之的策略，将大型复杂系统逐层按照功能划分成各级子系统模块。划分的终止条件就是最底层模块可以通过专家经验或仿真来获取其多信号模型。参考文献[111]指出，在分层建立多信号模型过程中，关键步骤就是分层计算各级子系统乃至整个系统级的可达性矩阵。然而，可达性计算算法与系统节点数目存在指数关系。对于节点众多的复杂系统，直接计算其可达性矩阵，显然复杂程度非常高。本章阐述的算法，首先采用经典可达性算法来计算得到最底层模块的可达性，然后根据系统划分信息及各最底层模块的可达性，通过可达性合并算法来分层递阶地获取各层次系统的可达性矩阵，从而将可达性计算的难度大大降低。在得到各个层次子系统乃至整个顶层系统可达性之后，采用D矩阵合并算法，依次逐层合并得到各层次子系统的D矩阵，从而最终得到顶层系统的D矩阵。

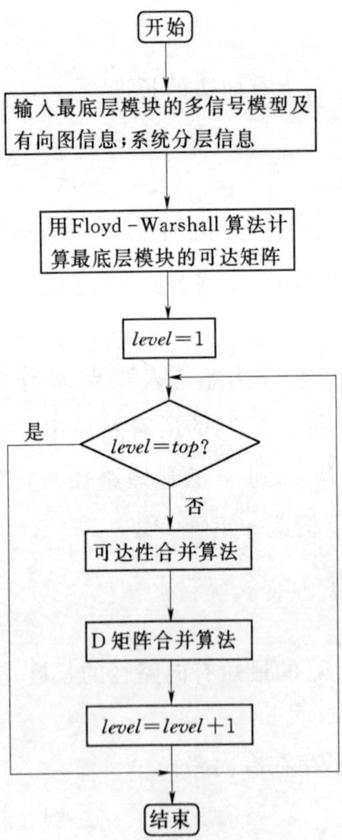

图4－2 分层递阶建模算法的顶层原理图

本章的分层递阶建模算法假设已知最底层模块的多信号模型及有

向图信息和系统分层信息，算法框图如图 4－2 所示，其中 *level* 表示分层系统中的层次，由底及顶为 *level*＝0，1，2，3，…，*top*，其中 *top* 为最顶层对应的层次数。算法是由次底层开始逐层向上进行的，直到顶层得到系统级多信号模型。由此可见，此分层递阶建模算法中包含可达性合并子算法与 D 矩阵合并子算法。

4.4.2　可达性计算的两种方案比较

在讨论可达性时，很显然有两种方案，如图 4－3 所示：方案一是先将待讨论可达性的若干子图合并其有向图的邻接矩阵，然后计算合并后大图的可达性；方案二是先计算各个有向子图的可达性，然后将其合并。

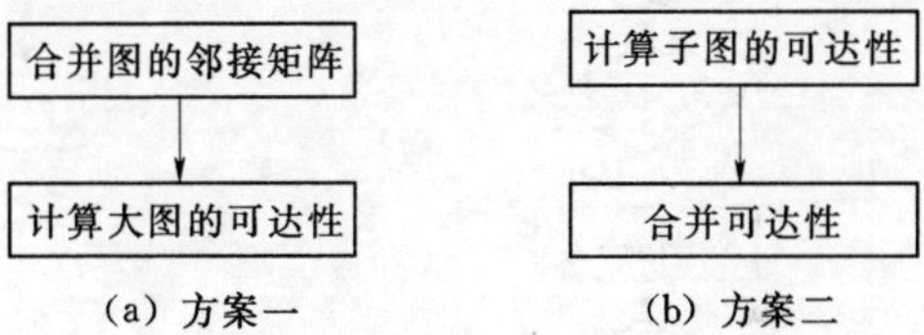

图 4－3　可达性计算的两种方案

4.4.2.1　Floyd－Warshall 算法

本书将采用最短路径距离矩阵作为可达矩阵。关于最短路径，我们关心的是所有点对之间的最短距离。常用的经典算法有：Floyd－Warshall 算法和 Johnson's 算法。而后者在计算稀疏矩阵时比前者要快，前者在计算密集矩阵时则更有优势。两种算法都不适合于图中出现负权值边的情况。两个算法的时间复杂度分别为：$O(V^3)$，$O(V^2\log V\_VE)$。但是由于本章所讨论的分层建模方法涉及的模块有向图不可能很大，因此选用比较简单的 Floyd－Warshall 算法。

设有向图 G 的顶点数为 n，D 是其距离矩阵，则 Floyd－Warshall 算法的算法框图如图 4－4 所示，其中 d_{ij} 表示由点 i 到点 j 的路径，若 d_{ij} 为∞表示两点之间没有任何连接。图中 k 为媒介节点，即从点 i 到点 j 所经过的节点。这个算法通过考虑最佳子路径来得到最佳路径，对于每一对顶点 i 到点 j，看是否存在一个顶点 k，使得从顶点 i 到顶点 k 再到顶点 j 比已知的路径更短，如果是，更新它。

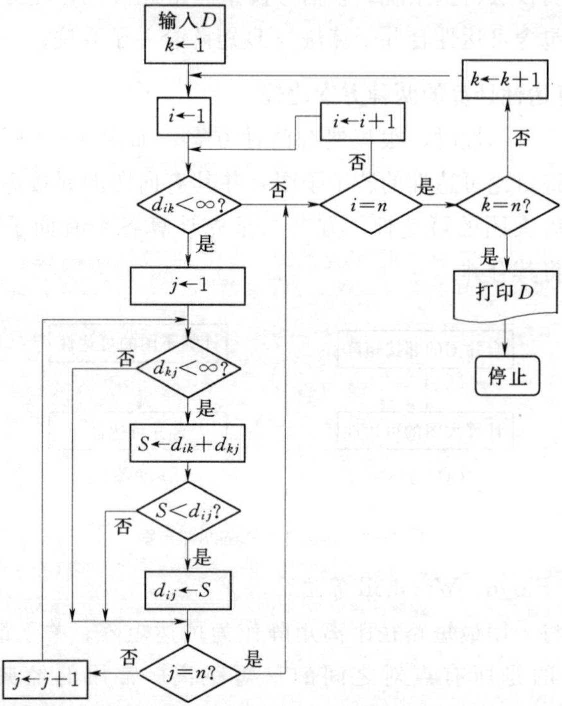

图 4-4 Floyd-Warshall 算法流程图

4.4.2.2 有向图合并算法

有向图合并算法的顶层程序流程图如图 4-5 所示。

图 4-5 中，$sub(m)$ 为输入的子图邻接矩阵，$m=1, 2, \cdots, M$，M 为模块数目；$label(m)$，$m=1, 2, \cdots, M$ 为各子图所包括的节点信息；V_m，$m=1, 2, \cdots, M$ 为各个子图的节点数目，V 为总的节点数目；$label\_sort$ 为要求输出的特定节点次序；$current\_label$ 用来存放前一次合并之后的节点信息；$current\_merge$ 用来存放前一次合并之后的结果；初始化 $current\_label=label(1)$，

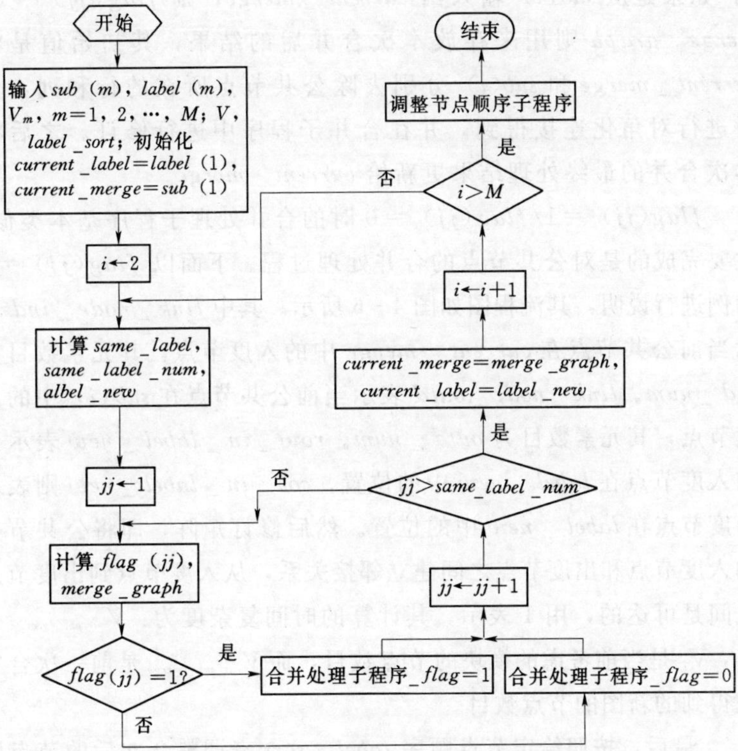

图 4-5　Merge _ diagraph 的顶层程序流程图

current _ merge = sub(1)，即从第一个模块开始讨论。循环变量 i 控制依次合并的顺序：即先将第一个模块和第二个模块进行合并，然后在此结果之上，再将第三、第四直至第 M 个模块合并进来。

每次两两合并时，same _ label 为 current _ label 与 label(i) 中的公共节点，其元素数目为 same _ label _ num，label _ new 为计算合并且去除公共节点后的节点信息。循环变量 jj 控制合并中对于公共节点的处理：除了将非公共节点通过对角化合并外，对于公共节点的处理则需要根据标志 flag(jj) 的情况进行处理。flag(jj) 用来表示待讨论的公共节点 same _ label(jj) 的方向，如果是从 current _ merge 输入给 sub(i)，则 flag(jj) =

1；如果是从 *sub*(*i*) 输入给 *current* _ *merge*，则 *flag*(*jj*) ＝0。*merge* _ *graph* 则用来存放本次合并后的结果，其初始值是将 *current* _ *merge* 和 *sub*(*i*) 分别去除公共节点所在的行和列，然后进行对角化连接得到，并在合并子程序中进行修订。之后将本次合并的最终处理结果更新给 *current* _ *merge*。

flag(*jj*) ＝1/*flag*(*jj*) ＝0 时的合并处理子程序基本类似，主要完成的是对公共节点的合并处理过程。下面以 *flag*(*jj*) ＝1 为例进行说明，其流程图如图 4－6 所示。其中 *link* _ *node* _ *ind* 表示当前公共节点在 *current* _ *merge* 中的入度节点，其元素数目为 *ind* _ *num*。*link* _ *node* _ *outd* 表示当前公共节点在 *sub*(*i*) 中的出度节点，其元素数目为 *outd* _ *num*。*row* _ *in* _ *label* _ *new* 表示当前入度节点在 *label* _ *new* 中的位置。*col* _ *in* _ *label* _ *new* 则表示出度节点在 *label* _ *new* 中的位置。然后修订矩阵，即将公共节点的入度节点和出度节点之间建立邻接关系，从入度节点到出度节点之间是可达的，用 1 表示。其计算的时间复杂度为：$V_{current\_merge} \cdot V_i$，$V_i$ 是当前考虑的模块的节点数目，而 $V_{current\_merge}$ 是前一次合并完得到的新图的节点数目。

最后，按照给定节点顺序 *label* _ *sort* 来调整合并后的节点顺序，其调整节点子程序的流程图如图 4－7 所示。其中 *row* 记录节点 *k* 在合并矩阵 *merge* _ *graph* 的行位置；*col* 记录节点 *j* 在合并矩阵 *merge* _ *graph* 的列位置。通过调整，最终得到调整节点之后的图 *final* _ *graph*。计算的时间复杂度为

$$V^2 \tag{4-5}$$

由顶层程序流程图 4－5 可知：

当 $i=2$ 时，合并处理子程序的复杂度为 $V_1 \cdot V_2$。

当 $i=3$ 时，合并处理子程序的复杂度为 $(V_1+V_2) \cdot V_3$。

以此类推，当 $i=M$ 时，合并处理子程序的复杂度为 $(V_1+V_2+\cdots+V_{M-1}) \cdot V_M$。

而合并处理子程序是有 *jj* 循环控制的，*jj* 的最坏情况下的循

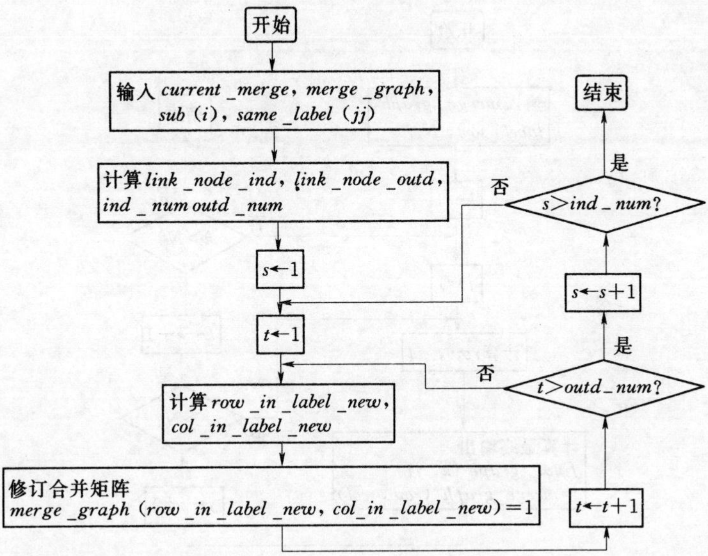

图 4-6 合并处理子程序流程图（flag=1）

环变量大小应为 V_i，即公共节点的数目不会超过待进行合并的模块的节点数目。

因此，顶层的算法计算的时间复杂度为：

$$\sum_{2}^{M}[(V_1+V_2+\cdots+V_{i-1})\cdot V_i^{\ 2}]+V^2 \qquad (4-6)$$

由此采用方案一总的复杂度为：

$$\sum_{2}^{M}[(V_1+V_2+\cdots+V_{i-1})\cdot V_i^{\ 2}]+V^2+V^3 \qquad (4-7)$$

4.4.2.3 可达性合并算法

可达性合并算法与有向图合并算法完全类似。只是合并的对象不是子图邻接矩阵 sub(m)，而是由此导出的子图可达性矩阵 reach(m)，m=1，2，…，M，M 为模块数目。因此需要在合并之前先计算各个子图的可达性。并且算法中每次合并得到的结果用 merge _reach 表示，调整节点之后的结果用 final _ reach 表示。

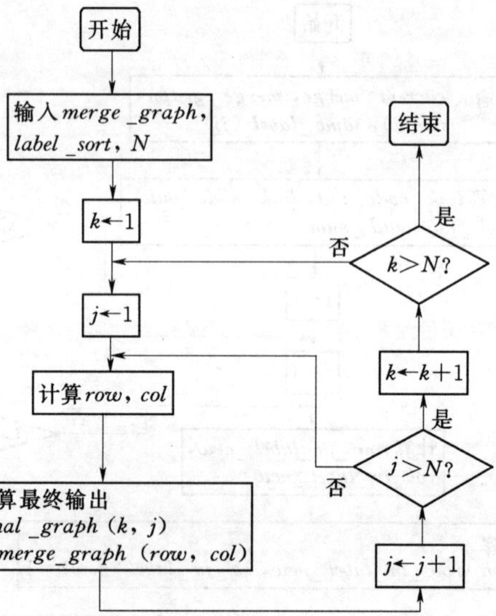

图 4-7 调整节点顺序子程序流程图

4.4.2.4 两种方案复杂度比较

考虑算法的时间复杂度，可达性合并与有向图合并的区别在于在可达性合并算法的开始部分需要分别计算各个模块的可达性，其算法复杂度为 $\sum_{1}^{M} V_i^3$，因而按照方案二得到可达性的总的复杂度为：

$$\sum_{1}^{M} V_i^3 + \sum_{2}^{M} [(V_1 + V_2 + \cdots + V_{i-1}) V_i^2] + V^2 \qquad (4-8)$$

比较方案一的复杂度：

$$\sum_{2}^{M} [(V_1 + V_2 + \cdots + V_{i-1}) V_i^2] + V^2 + V^3 \qquad (4-9)$$

将两个复杂度中相同的表达式去掉，则方案一不同部分的复杂度为 V^3，而方案二不同部分的复杂度为 $\sum_{1}^{M} V_i^3$。由于 V_i 分别为各个子图模块所包含的节点数目，因而，必然有：

$$\sum_{1}^{M} V_i = V \tag{4-10}$$

由完全立方和展开公式可知：一定有方案一的复杂度大于方案二的复杂度，即方案二优于方案一。因而本书选择方案二的方式来计算总图的可达性。

4.4.3　D 矩阵合并算法

D 矩阵合并是在确定了可达性的基础上进行的。根据可达性的合并结果进行合并 D 矩阵的修订，其原理图如图 4-8 所示。

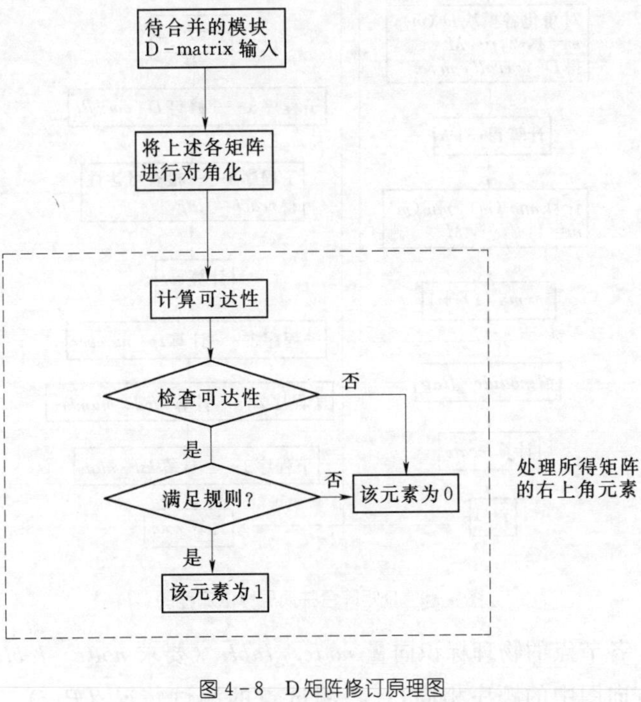

图 4-8　D 矩阵修订原理图

D 矩阵合并的顶层算法流程图如图 4-9 所示。该算法输入信息包括：输入模块总数 M；各个子模块的 D 矩阵 $D(m)$，$m=1, 2, \cdots, M$；各个子模块所涉及的测试点 $mod\_TP(m)$，$m=1, 2, \cdots, M$；各个子模块所涉及的故障源 $mod\_F(m)$，$m=1, 2, \cdots, M$；有

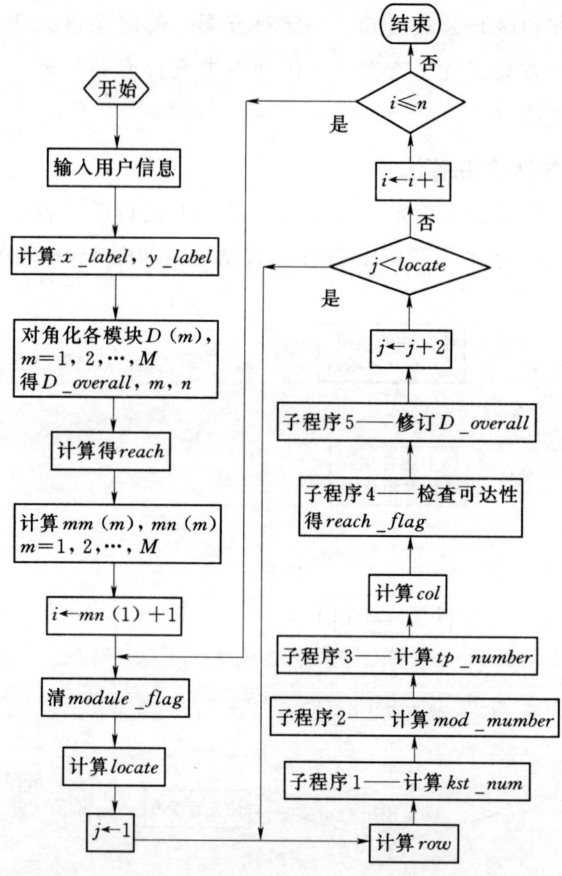

图 4-9　D矩阵合并顶层算法流程图

向图中各节点的物理标识向量 *node _ lable*（要求 *node _ lable* 的顺序与有向图中的顺序相同）；各测试点的测试情况 $TP(i)$，$i=1$，2，…，*test _ node _ number*（*test _ node _ number* 为测试点数目）；每个测试得到的信号情况 $ST(i)$，$i=1$，2，…，*test _ number*（*test _ number* 为测试的总数目）；各节点的属性 *module _ att*(n).*sc*、*module _ att*(n) .*st*，$n=1$，2，…，N，N 为有向图中节点总

数，其中 $module\_att(n).sc$ 表示组件类型节点 n，所影响的信号集合，$module\_att(n).st$ 表示测试节点 n 所能检测的信号集合。

在这些输入的基础之上，计算最终 D 矩阵的横向标识 x_label 与纵向标识 y_label，x_label 由各模块的各个测试点依次排列组成，y_label 由各模块的各个故障源依次排列组成；然后，将给定的各个模块的 D 矩阵对角化组合成大矩阵 $D\_overall$ 作为整体 D 矩阵的雏形，并计算 $D\_overall$ 的行数 m 和列数 n；此后，计算整体的可达性矩阵 $reach$；计算各个模块 D 矩阵的行数 $mm(m)$ 和列数 $mn(m)$，$m=1, 2, \cdots, M$；最后，从第一个模块的列数加 1 的位置按列依次修订 $D\_overall$。

在修订 $D\_overall$ 的过程中，首先需要清除标志 $module\_flag$；其次，需要确定当前待修订列所需修订的最大行的位置 $locate$，从第 1 行到第 $locate$ 行之间奇数行和偶数行的修订方式不同（见子程序 5），因此循环变量 j 每次变动为 2；再次，计算待修订的 $D\_overall$ 元素 $d(j, i)$ 所对应的 y_label 坐标，即某个故障模式，并找出该故障模式在有向图中的节点序号 row；之后，调用子程序 1 统计各个模块的不同测试点所包含的信号数目 kst_num；检查当前所讨论的 $D\_overall$ 的第 i 列是处于哪个模块的范围，调用子程序 2 计算得到 mod_number；进一步检查当前所讨论的 $D\_overall$ 的第 i 列处于 mod_number 模块的哪个测试点 tp_number，调用子程序 3；利用 mod_number 和 tp_number 来计算当前列 i 对应有向图中的节点 col；此后，利用前面计算的 row 和 col 检查可达性，得到 $reach\_flag$；最后，调用修订 $D\_overall$ 的子程序 5 进行修订。

子程序 1——统计各个模块的不同测试点所包含的信号数目 kst_num，其流程图如图 4－10 所示。该子程序的输入信息包括：模块数目 M，$mod\_TP(i)$，$i=1, 2, \cdots, M$，$TP(i)$，$i=1, 2, \cdots test\_node\_number$；$ST(i)$，$i=1, 2, \cdots, test\_number$。之后，从第 2 个模块开始循环检查，由循环变量 jj 控制，计算当前模块

所涉及的测试点数目 $nm(jj)$。k 的变化表示本模块 jj 所涉及的不同测试点，从 1 到 $nm(jj)$，计算 $km\_num(jj, k)$，即模块 jj 的第 k 个测试点所包含的测试的数目。$kst\_num(jj, k)$ 用来存放模块 jj 的第 k 个测试点所包含的信号的数目。由循环变量 kk 控制，依次将模块 jj 的第 k 个测试点的第 kk 个测试所包含的信号累加到 $kst\_num(jj, k)$ 中。

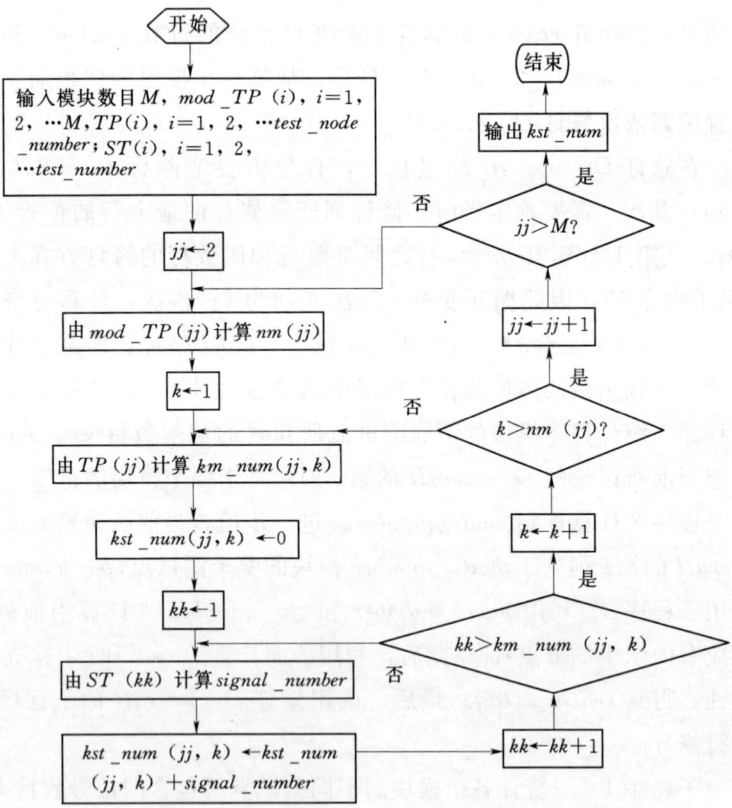

图 4-10 子程序 1——统计各个模块的不同测试点所包含的信号数目 kst_num 流程图

子程序 2——检查当前所讨论的 $D\_overall$ 的第 i 列所处模块

的范围，计算 *mod _ number*，其流程图如图 4-11 所示。在子程序 2 中，检查所处模块范围时是从第 2 个模块到第 M 个模块依次进行的，由 jj 控制。*sum* 是第 2 模块到第 jj 模块的所有测试点数目。标志 *module _ flag* 具体含义为：如果 $i-mn(1)<sum$ 而且 *module _ flag*$(jj-1)=0$，（即当前列 i 扣除第 1 模块的列数后如果小于 *sum*，而且当前列 i 不处于模块 jj 范围内）则 *module _ flag*$(jj)=1$，即当前列 i 处于模块 jj 范围内，否则 *module _ flag*$(jj)=0$，即表示当前列 i 不处于模块 jj 范围内。最后计算 *mod-*

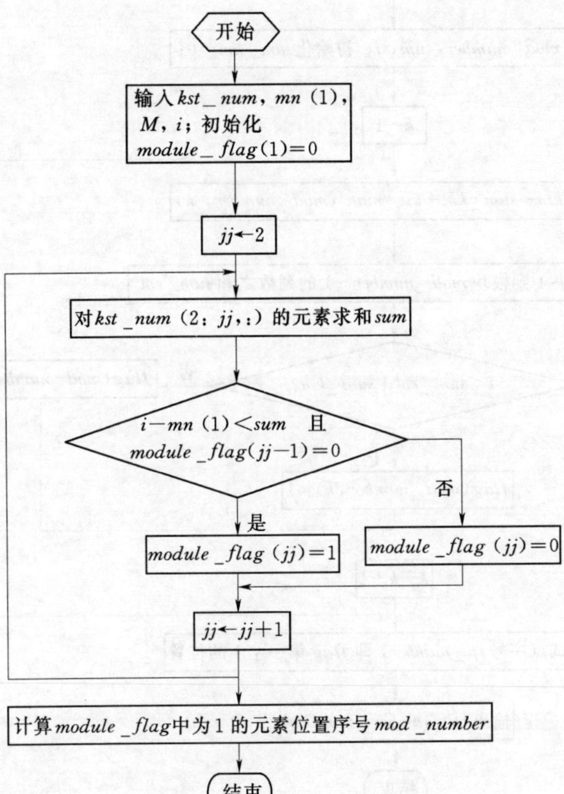

图 4-11　子程序 2——检查当前所讨论的 $D\_overall$ 的第 i 列所处模块的范围

ule_flag 中为 1 的元素位置序号 mod_number，即表示当前列 i 处于该模块 mod_number 范围内。

子程序 3——检查当前所讨论的 $D\_overall$ 的第 i 列所处模块的哪个测试点范围，确定 tp_number，其流程图如图 4-12 所示。子程序 3 的输入信息包括：当前列号 i 以及其所处的该模块号 mod_number，和 nm。$kst\_num(mod\_number, k)$ 是模块 mod_number 的第 k 个节点所包含的信号数目，由循环变量 k 从 1 到模块

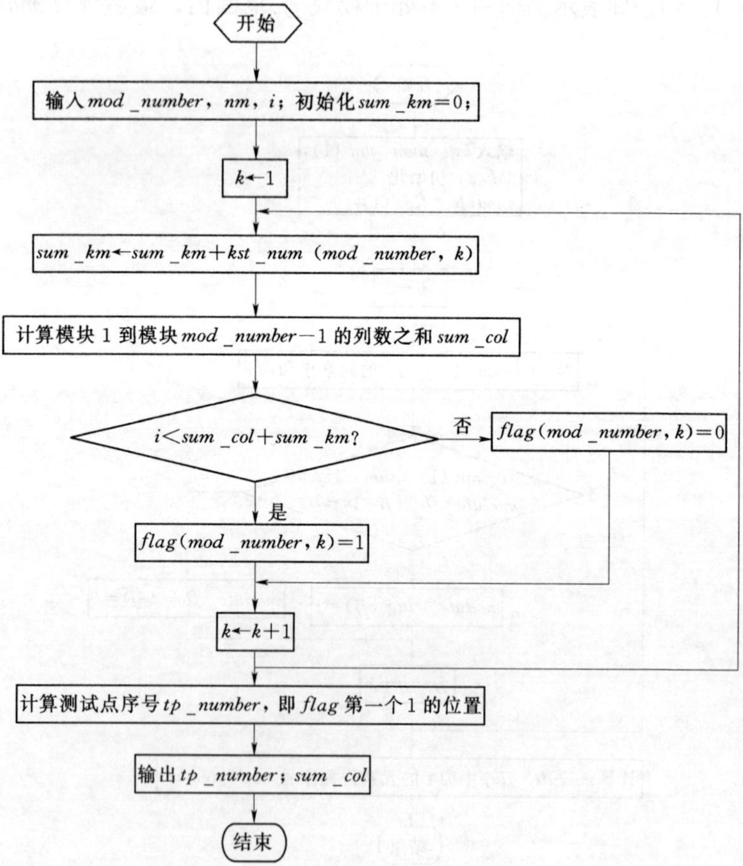

图 4-12 子程序 3——检查当前所讨论的 $D\_overall$ 的第 i 列所处模块的哪个测试点范围

mod _ number 所包含的节点数为止变化，从而将模块 *mod _ number* 的前 *k* 个节点所包含的信号数目统计到变量 *sum _ km* 中。*sum _ col* 为从模块 1 到模块 *mod _ number*－1 的列数之和。如果当前列 *i* 小于 *sum _ col*＋*sum _ km*，则 *flag*（*mod _ number*，*k*）＝1，表示前列 *i* 是模块 *mod _ number* 的第 *k* 个节点范围中，否则 *flag*（*mod _ number*，*k*）＝0。*flag* 中第一个 1 的位置序号即为测试点序号 *tp _ number*，输出 *tp _ number* 和 *sum _ col*。

子程序 4——检查可达性子程序，其流程图如图 4－13 所示。在子程序 4 中，标志 *reach _ flag* 表示待检查的路径起点与终点之间是否可达。依据前面计算出来的可达矩阵，如果对应元素为 0/*inf*(∞) 则该标志为 0，否则，该标志为 1。

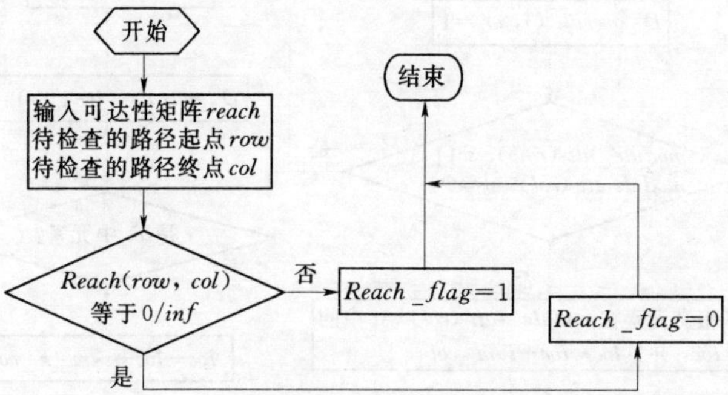

图 4－13　子程序 4——检查可达性

子程序 5——修订 *D _ overall* 的子程序，其流程图如图 4－14 所示。该子程序的输入信息包括：*module _ att*(*n*).*sc*，*module _ att*(*n*).*st*，*row*，*col*，*j*，*i*，*reach _ flag*，*kst _ num*，*sum _ col*，*mod _ number*，*tp _ number*，*D _ overall*。先检查子程序 1 返回的标志 *reach _ flag* 是否为 1，如果为 1，则将 *D _ overall* 中对应位置修订为 1，*D _ overall*(*j*，*i*) ←1，即认为存在相关性，否则不修订。之后，进一步检查 *module _ att*(*row*).*sc* 和 *module _ att*(*col*).*st* 是否相交，如果相交不为空，则用 *loc* 记录相交元素在 *module _ att*(*col*).*st* 中的位置

序号 *loc*，如果相交为空，则不进行修订。*sum* _ *k* _ *col* 为模块 *mod* _ *number* 中 *tp* _ *number* 测试点之前所有测试点所包含的信号之和。最后，如果 *i* 是 *loc* 中的元素，则 *D* _ *overall*(*j*+1，*i*) ←1，即认为存在相关性，否则不修订。输出 *D* _ *overall*。

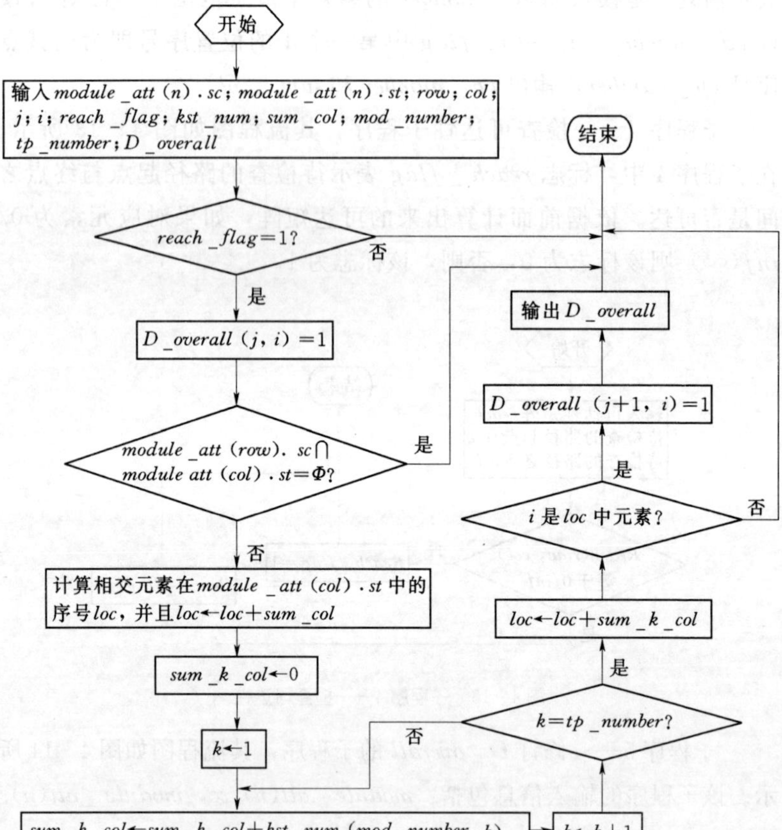

图 4-14　子程序 5——修订 D _ overall

4.5　实例分析

为了验证分层递阶建模方法的正确性，以图 4-15 所示电路为例进行验证。图 4-15 中以两条竖线为界，可以将整个电路划分成三个模块：模块一为放大器（gain2），模块二是 RC 低通滤波（f_c $=1\mathrm{kHz}$），模块三是个缓冲器。与模块一、模块三相关联的信号有 s_1（增益 gain）、s_2（线性度 linearity）、s_4（转换速率 slew rate）、s_5（直流偏置 d. c. offset）；与模块二相关联的信号有 s_3（截止频率 cut off frequency）。

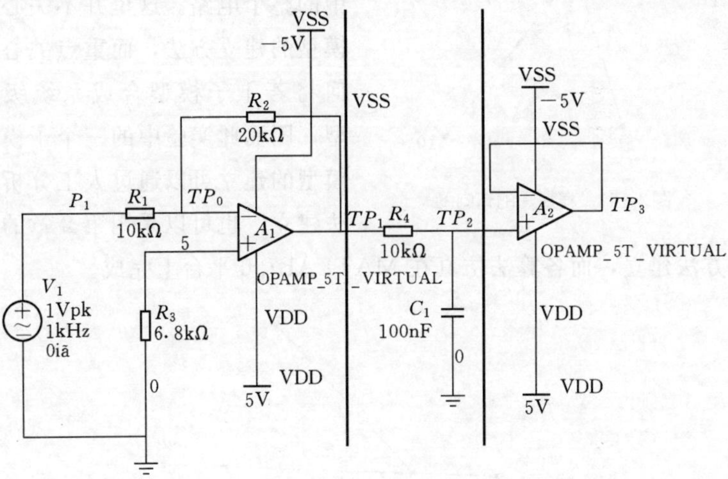

图 4 - 15 实例电路图

图 4 - 16 是图 4 - 15 对应的有向图模型。图中各节点依次分别代表 $\{R_1, A_1, R_3, R_2, R_4, C_1, A_2, TP_3, TP_2, TP_1\}$。各个

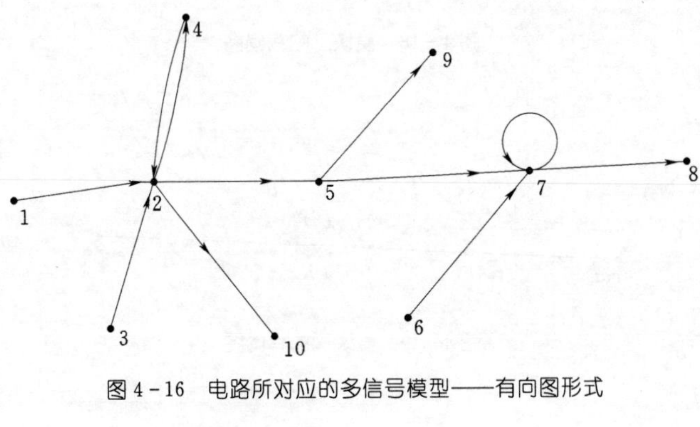

图 4 - 16 电路所对应的多信号模型——有向图形式

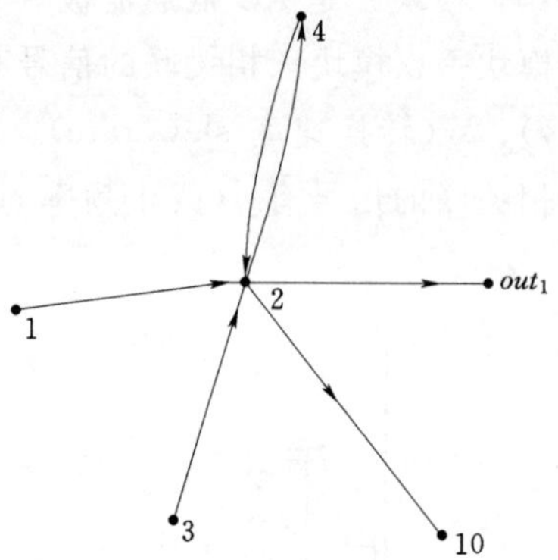

图 4-17 模块一的有向图

模块的有向子图分别如图 4-17、图 4-18、图 4-19 所示，其中 out_i 为公共衔接节点。本例中，*level*=0 对应图 4-15 中三个模块，*top*=1，即 *level*=1 对应图中的整个电路。这里并不关心子模型的建立方法，而重点关心如何将若干子模型合成系统级模型，因而此实验中的三个子模块模型的建立可以通过人工分析方法建立，也可以采用第 2 章的仿真方法建立，而各算法仿真在 MATLAB7.0 平台上完成。

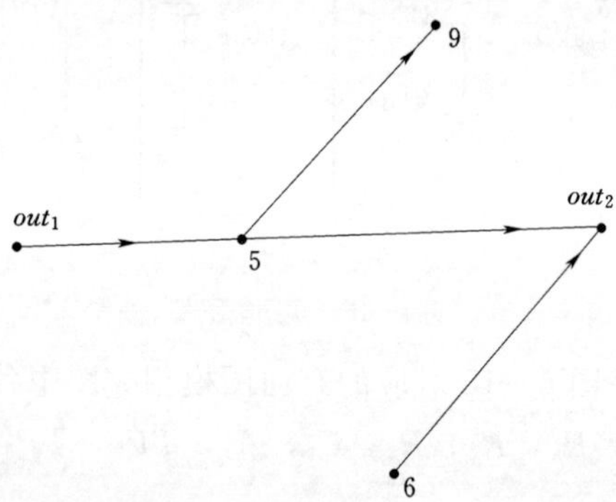

图 4-18 模块二的有向图

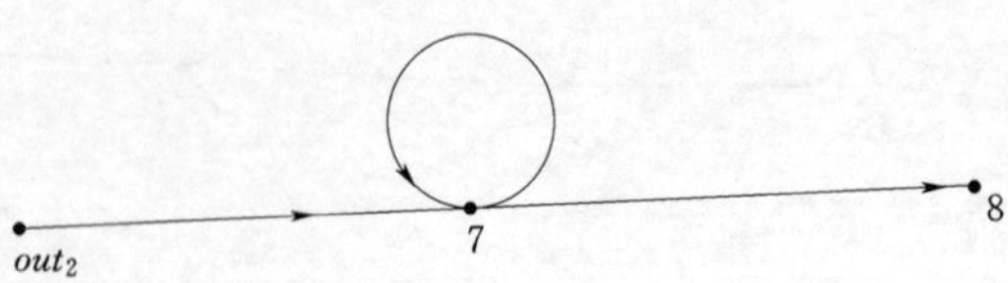

图 4-19 模块三的有向图

4.5.1　有向图的连接矩阵合并

按照前面的算法描述，输入信息包含模块一、模块二、模块三的邻接矩阵 $sub(1)$、$sub(2)$、$sub(3)$：

$$
sub(1)=\begin{array}{c} \\ n_1 \\ n_2 \\ n_3 \\ n_4 \\ n_{10} \\ out_1 \end{array}
\begin{array}{c} \begin{array}{cccccc} n_1 & n_2 & n_3 & n_4 & n_{10} & out_1 \end{array} \\
\begin{bmatrix} 0 & 1 & 0 & 0 & 0 & 0 \\ 0 & 0 & 0 & 1 & 1 & 1 \\ 0 & 1 & 0 & 0 & 0 & 0 \\ 0 & 1 & 0 & 0 & 0 & 0 \\ 0 & 0 & 0 & 0 & 0 & 0 \\ 0 & 0 & 0 & 0 & 0 & 0 \end{bmatrix} \end{array}
$$

$$
sub(2)=\begin{array}{c} \\ out_1 \\ n_5 \\ n_6 \\ n_9 \\ out_2 \end{array}
\begin{array}{c} \begin{array}{ccccc} out_1 & n_5 & n_6 & n_9 & out_2 \end{array} \\
\begin{bmatrix} 0 & 1 & 0 & 0 & 0 \\ 0 & 0 & 0 & 1 & 1 \\ 0 & 0 & 0 & 0 & 1 \\ 0 & 0 & 0 & 0 & 0 \\ 0 & 0 & 0 & 0 & 0 \end{bmatrix} \end{array}
$$

$$
sub(3)=\begin{array}{c} \\ out_2 \\ n_7 \\ n_8 \end{array}
\begin{array}{c} \begin{array}{ccc} out_2 & n_7 & n_8 \end{array} \\
\begin{bmatrix} 0 & 1 & 0 \\ 0 & 1 & 1 \\ 0 & 0 & 0 \end{bmatrix} \end{array}
$$

模块数目 $M=3$，各子图所包括的节点信息 $label(1)=\{1, 2, 3, 4, 10, out_1\}$，$label(2)=\{out_1, n_5, n_6, n_9, out_2\}$，$label(3)=\{out_2, n_7, n_8\}$。各个子图的节点数目 $V_1=5$、$V_2=3$、$V_3=2$（注意：这是除去公共节点以后的节点数目），总的节点数目 $V=10$。要求输出的特定节点次序 $label\_sort=\{1, 2, 3, 4, 5, 6, 7, 8, 9, 10\}$。经计算得：

$$
final\_graph = \begin{array}{c} \\ n_1 \\ n_2 \\ n_3 \\ n_4 \\ n_5 \\ n_6 \\ n_7 \\ n_8 \\ n_9 \\ n_{10} \end{array}
\begin{array}{c}
\begin{array}{cccccccccc} n_1 & n_2 & n_3 & n_4 & n_5 & n_6 & n_7 & n_8 & n_9 & n_{10} \end{array} \\
\left[\begin{array}{cccccccccc}
0 & 1 & 0 & 0 & 0 & 0 & 0 & 0 & 0 & 0 \\
0 & 0 & 0 & 1 & 1 & 0 & 0 & 0 & 0 & 1 \\
0 & 1 & 0 & 0 & 0 & 0 & 0 & 0 & 0 & 0 \\
0 & 1 & 0 & 0 & 0 & 0 & 0 & 0 & 0 & 0 \\
0 & 0 & 0 & 0 & 0 & 0 & 1 & 0 & 1 & 0 \\
0 & 0 & 0 & 0 & 0 & 0 & 1 & 0 & 0 & 0 \\
0 & 0 & 0 & 0 & 0 & 0 & 1 & 1 & 0 & 0 \\
0 & 0 & 0 & 0 & 0 & 0 & 0 & 0 & 0 & 0 \\
0 & 0 & 0 & 0 & 0 & 0 & 0 & 0 & 0 & 0 \\
0 & 0 & 0 & 0 & 0 & 0 & 0 & 0 & 0 & 0
\end{array}\right]
\end{array}
$$

经验证，与整体有向图的连接相符。

4.5.2 可达性合并

按照前面的算法描述，输入信息与有向图的合并算法相同，利用 Floyd - Warshall 算法分别计算得到三个模块的可达性矩阵（最短路径的距离矩阵）为：

$$
reach(1) = \begin{array}{c} \\ n_1 \\ n_2 \\ n_3 \\ n_4 \\ n_{10} \\ out_1 \end{array}
\begin{array}{c}
\begin{array}{cccccc} n_1 & n_2 & n_3 & n_4 & n_{10} & out_1 \end{array} \\
\left[\begin{array}{cccccc}
0 & 1 & \text{Inf} & 2 & 2 & 2 \\
\text{Inf} & 0 & \text{Inf} & 1 & 1 & 1 \\
\text{Inf} & 1 & 0 & 2 & 2 & 2 \\
\text{Inf} & 1 & \text{Inf} & 0 & 2 & 2 \\
\text{Inf} & \text{Inf} & \text{Inf} & \text{Inf} & 0 & \text{Inf} \\
\text{Inf} & \text{Inf} & \text{Inf} & \text{Inf} & \text{Inf} & 0
\end{array}\right]
\end{array}
$$

$$
reach(2) = \begin{array}{c} \\ out_1 \\ n_5 \\ n_6 \\ n_9 \\ out_2 \end{array}
\begin{array}{c}
\begin{array}{ccccc} out_1 & n_5 & n_6 & n_9 & out_2 \end{array} \\
\left[\begin{array}{ccccc}
0 & 1 & \text{Inf} & 2 & 2 \\
\text{Inf} & 0 & \text{Inf} & 1 & 1 \\
\text{Inf} & \text{Inf} & 0 & \text{Inf} & 1 \\
\text{Inf} & \text{Inf} & \text{Inf} & 0 & \text{Inf} \\
\text{Inf} & \text{Inf} & \text{Inf} & \text{Inf} & 0
\end{array}\right]
\end{array}
$$

$$reach(3)=\begin{array}{c} \\ out_2 \\ n_7 \\ n_8 \end{array}\begin{array}{c} \begin{array}{ccc} out_2 & n_7 & n_8 \end{array} \\ \begin{bmatrix} 0 & 1 & 2 \\ \text{Inf} & 0 & 1 \\ \text{Inf} & \text{Inf} & 0 \end{bmatrix} \end{array}$$

$$final\_reaph=\begin{array}{c} \\ n_1 \\ n_2 \\ n_3 \\ n_4 \\ n_5 \\ n_6 \\ n_7 \\ n_8 \\ n_9 \\ n_{10} \end{array}\begin{array}{c} \begin{array}{cccccccccc} n_1 & n_2 & n_3 & n_4 & n_5 & n_6 & n_7 & n_8 & n_9 & n_{10} \end{array} \\ \begin{bmatrix} 0 & 1 & \text{Inf} & 2 & 2 & \text{Inf} & 3 & 4 & 3 & 2 \\ \text{Inf} & 0 & \text{Inf} & 1 & 1 & \text{Inf} & 2 & 3 & 2 & 1 \\ \text{Inf} & 1 & 0 & 2 & 2 & \text{Inf} & 3 & 4 & 3 & 2 \\ \text{Inf} & 1 & \text{Inf} & 0 & 2 & \text{Inf} & 3 & 4 & 3 & 2 \\ \text{Inf} & \text{Inf} & \text{Inf} & \text{Inf} & 0 & \text{Inf} & 1 & 2 & 1 & \text{Inf} \\ \text{Inf} & \text{Inf} & \text{Inf} & \text{Inf} & \text{Inf} & 0 & 1 & 2 & \text{Inf} & \text{Inf} \\ \text{Inf} & \text{Inf} & \text{Inf} & \text{Inf} & \text{Inf} & \text{Inf} & 0 & 1 & \text{Inf} & \text{Inf} \\ \text{Inf} & \text{Inf} & \text{Inf} & \text{Inf} & \text{Inf} & \text{Inf} & \text{Inf} & 0 & \text{Inf} & \text{Inf} \\ \text{Inf} & \text{Inf} & \text{Inf} & \text{Inf} & \text{Inf} & \text{Inf} & \text{Inf} & \text{Inf} & 0 & \text{Inf} \\ \text{Inf} & \text{Inf} & \text{Inf} & \text{Inf} & \text{Inf} & \text{Inf} & \text{Inf} & \text{Inf} & \text{Inf} & 0 \end{bmatrix} \end{array}$$

4.5.3 D 矩阵合并

按照前面的算法描述，各个子模块的 D 矩阵为：

$$D\ (1)=\begin{array}{c} \\ \\ R_{1G} \\ R_{1F} \\ R_{2G} \\ R_{2F} \\ R_{3G} \\ R_{3F} \\ A_{1G} \\ A_{1F} \end{array}\begin{array}{c} \overbrace{\begin{array}{cccc} s_1 & s_2 & s_4 & s_5 \end{array}}^{TP_1} \\ \begin{bmatrix} 1 & 1 & 1 & 1 \\ 1 & 0 & 0 & 1 \\ 1 & 1 & 1 & 1 \\ 1 & 0 & 0 & 1 \\ 1 & 1 & 1 & 1 \\ 0 & 0 & 0 & 1 \\ 1 & 1 & 1 & 1 \\ 1 & 1 & 1 & 1 \end{bmatrix} \end{array}$$

$$D(2)=\begin{matrix} R_{4G} \\ R_{4F} \\ C_{1G} \\ C_{1F} \end{matrix}\overset{\overset{TP_2}{s_3}}{\begin{bmatrix}1\\1\\1\\1\end{bmatrix}} \qquad D(3)=\begin{matrix} A_{2G} \\ A_{2F} \end{matrix}\overset{\overbrace{\begin{matrix}s_1 & s_2 & s_4 & s_5\end{matrix}}^{TP_3}}{\begin{bmatrix}1 & 1 & 1 & 1\\1 & 1 & 1 & 1\end{bmatrix}}$$

各个子模块所涉及的测试点：$mod\_TP(1)=\{TP1\}$，$mod\_TP(2)=\{TP2\}$，$mod\_TP(3)=\{TP3\}$。

各个子模块所涉及的故障源：$mod\_F(1)=\{R1, R2, R3, A1\}$，$mod\_F(2)=\{R4, C1\}$，$mod\_F(3)=\{A2\}$。

有向图中各节点的物理标识向量：$node\_lable=\{R_1, A_1, R_3, R_2, R_4, C_1, A_2, TP_3, TP_2, TP_1\}$（要求 $node\_lable$ 的顺序与有向图中的顺序相同）。

各测试点的测试情况：$TP(1)=\{t_1, t_2, t_4, t_5\}$，$TP(2)=\{t_3\}$，$TP(3)=(t_1, t_2, t_4, t_5)$；测试点数目 $test\_node\_number=3$。

每个测试得到的信号情况：$ST(1)=\{s_1\}$，$ST(2)=\{s_2\}$，$ST(3)=\{s_3\}$，$ST(4)=\{s_4\}$，$ST(5)=\{s_5\}$，测试的总数目 $test\_number=5$。

各节点的属性，$module\_att(1).sc=\{s_1, s_5\}$，$module\_att(2).sc=\{s_1, s_2, s_4, s_5\}$，$module\_att(3).sc=\{s_5\}$，$module\_att(4).sc=\{s_1, s_5\}$，$module\_att(5).sc=\{s_3\}$，$module\_att(6).sc=\{s_3\}$，$module\_att(7).sc=\{s_1, s_2, s_4, s_5\}$，$module\_att(8).st=\{s_1, s_2, s_4, s_5\}$，$module\_att(9).st=\{s_3\}$，$module\_att(10).st=\{s_1, s_2, s_4, s_5\}$。

有向图中节点总数：$N=10$。其中 $module\_att(n).sc$ 表示组件类型节点 n 所影响的信号集合。

经计算得到 $D\_overall$，如图 4-20 所示。该结果与参考文献[111]上的结果完全相同，从而也在一定程度上证明了这种分层递阶方法的正确性。

$$
D\_overall=
\begin{array}{cc}
 & \begin{array}{ccccccccc} \multicolumn{4}{c}{TP_1} & TP_2 & \multicolumn{4}{c}{TP_3} \\ s_1 & s_2 & s_4 & s_5 & s_3 & s_1 & s_2 & s_4 & s_5 \end{array} \\
\begin{array}{r} \text{模块一}\left\{\begin{array}{c} R_{1G} \\ R_{1F} \\ R_{2G} \\ R_{2F} \\ R_{3G} \\ R_{3F} \\ A_{1G} \\ A_{1F} \end{array}\right. \\ \text{模块二}\left\{\begin{array}{c} R_{4G} \\ R_{4F} \\ C_{1G} \\ C_{1F} \end{array}\right. \\ \text{模块三}\left\{\begin{array}{c} A_{2G} \\ A_{2F} \end{array}\right. \end{array} &
\begin{bmatrix}
1 & 1 & 1 & 1 & 1 & 1 & 1 & 1 & 1 \\
1 & 0 & 0 & 1 & 0 & 1 & 0 & 0 & 1 \\
1 & 1 & 1 & 1 & 1 & 1 & 1 & 1 & 1 \\
1 & 0 & 0 & 1 & 0 & 1 & 0 & 0 & 1 \\
1 & 1 & 1 & 1 & 1 & 1 & 1 & 1 & 1 \\
0 & 0 & 0 & 1 & 0 & 0 & 0 & 0 & 1 \\
1 & 1 & 1 & 1 & 1 & 1 & 1 & 1 & 1 \\
1 & 1 & 1 & 1 & 0 & 1 & 1 & 1 & 1 \\
0 & 0 & 0 & 0 & 1 & 1 & 1 & 1 & 1 \\
0 & 0 & 0 & 0 & 1 & 0 & 0 & 0 & 0 \\
0 & 0 & 0 & 0 & 1 & 1 & 1 & 1 & 1 \\
0 & 0 & 0 & 0 & 1 & 0 & 0 & 0 & 0 \\
0 & 0 & 0 & 0 & 0 & 1 & 1 & 1 & 1 \\
0 & 0 & 0 & 0 & 0 & 1 & 1 & 1 & 1
\end{bmatrix}
\end{array}
$$

图 4－20　*D _ overall* 计算结果

4.6　本章小结

多信号模型应用于大型复杂系统建模具有明显的优势。本章重点讨论了分层递阶建立复杂程度较高的电子系统级多信号模型的方法。针对由于系统的复杂性而导致多信号建模很难直接去讨论故障与测试之间依赖关系的问题，阐述了分层递阶建立电子系统系统级多信号模型的方法。通过 D 矩阵合并算法与可达性合并算法，从而在已知子系统多信号模型的基础之上，通过计算得到系统级多信号模型，从而大大降低了系统级多信号建模的难度，对于进一步研究基于多信号模型的复杂系统测试与诊断具有重要的指导意义。

第5章　故障空间内虚假故障分析

5.1　引言

对于大型系统而言，一方面，由于系统中组件很多，另外一方面，在某些系统中，由于在执行任务期间，维修并不能及时进行，所以单故障假设往往不成立。因此，必须假设系统中可能同时存在多个故障。而对于多故障假设的情况下，如果仍然采用基于单故障假设的故障诊断程序，其诊断结果有时会发生错误，究其错误原因，是由隐含性故障以及虚假故障导致的。对于隐含性故障本书主要讨论多故障同时发生情况下使用单故障诊断方法所造成的漏判问题，而对于虚假故障则重点讨论在多故障条件下使用单故障诊断方法可能导致的误判问题。对于故障空间的测试性讨论，有助于故障诊断算法的设计，也提供了故障诊断的最大极限，因此，研究意义重大。

虚假故障，是指某些故障的故障特征其综合效果正好相当于另外一个故障 f_i 的故障特征。在单故障假设的条件下，此时报出的故障为 f_i，进而维修人员根据这个诊断结果进行维修，而实际上故障 f_i 并没有发生，从而造成虚假故障，同时也因此导致了维修资源的浪费。因此，研究和分析虚假故障，对于设计多故障诊断程序具有重要的指导作用。

目前，基于多信号模型而进行的虚假故障分析文献非常少，只有 Somnath Deb，其基本思想是：假设 $\hat{n}_k$ 是某个参考行 D_k 中 1 的数目，而 H_k 是参考行 D_k 的隐含性故障集；设 $I_k=\{j: d_{kj}=1\}$ 即表示参考行中元素为 1 所对应的列的集合；定义一个函数 $\hat{m}$: $\{1, \cdots, \hat{n}_k\}\rightarrow i_k$，即将 $\{1, \cdots, \hat{n}_k\}$ 连续整数集合映射到集合 I_k

上；定义集合 $L_j=\{l: l\in H_k, d_{l\hat{m}(j)}=1\}$（$1\leqslant j\leqslant \hat{n}_k$），即表示参考行的隐含性故障集中，其第 $\hat{m}(j)$ 列的元素为 1 的那些行的集合，为 H_k 的子集；找到 L_j（$1\leqslant j\leqslant \hat{n}_k$）后，则其虚假故障集 R 确定为 $R\subseteq\bigcup_{j=1}^{\hat{n}_k}L_j$ 且 $R\cap L_j\neq\varnothing$，即虚假故障可以等效成最小碰集问题（hitting set）去求解，且采用 Reiter 方法。

最小碰集的计算是个 NP 完全问题。参考文献[140，141]提出了将最小碰集问题转换成布尔可满足性问题以及 0/1 整数规划问题，尽管该方法可以降低存储空间，但是却只能求出一个最小碰集。而通常，最小碰集的组合往往很多，不论是测试性分析还是故障诊断，某个单个的最小碰集的意义并不大，因为漏求一个最小碰集，在故障诊断时就会造成漏报/误报，虚警率很高。如何求解全体最小碰集才是问题的关键。尽管存在采用智能算法来求取最小碰集的趋势，但是基于智能理论的方法属于随机搜索算法，随机搜索的本质决定了采用智能方法求取最小碰集集合，无论是哪种智能方法，都不能保证求取全体最小碰集，即并不能保证解的完备性。显然，这些方法对于大型系统而言，都是不适用的。

目前，关于求取全体最小碰集的算法很多，大致可以分成下面几类：①基于树结构的算法 HS－TREE、HS－DAG、HST－TREE、BHS－TREE、HSSE－TREE、CSSE/CSISE－TREE；②基于二维数组数据结构的算法；③基于布尔代数。其中，基于树结构的方法普遍存在的缺点就是树的节点数目随着问题规模的增大而急剧增加，从而使得其应用受到限制，且 HS－TREE、HS－DAG、HST－TREE 可能因为剪枝而丢失真实解。基于 HSSE－TREE 和基于二维数组数据结构的算法类似于显示枚举法，运算量会随着问题规模增大而急剧增加。基于布尔代数的方法将求解碰集的问题转化成求解布尔方程全部解的问题，算法设计很复杂。尽管 CSSE/CSISE－TREE 可以避免产生极小碰集的真超集，从而减少生成树的节点数目，看似优于 HS－SE 法，但是却增加了判断的过程，且该算法的效率并没有得到验证。因而，经过分析，笔者认为

HS-SE是一种较好的计算全体碰集的方法，并选定此方法与本章阐述的方法做对比验证。

本章阐述采用BNB和HSSE相结合的方法即改进的BNB-HSSE方法，求解最小碰集问题。

5.2 最小碰集的基本理论

最小碰集的基础理论起源于Reiter的第一原理诊断。由Reiter等人提出的基于第一原理的多故障诊断方法，利用被诊断系统的深层知识和基于模型的推理技术，不必事先假设故障类型，就可以有效地诊断系统中出现的新故障，因而在智能诊断中得到广泛应用。第一原理是根据系统的实际行为与系统应该具有的正确行为之间的不相容，判断系统中存在故障；如果通过假设某些元件异常就可以解释已存在的不相容现象，则可认为这些元件就是故障源。因此，基于第一原理的多故障诊断方法由两部分组成：①与领域知识有关的冲突识别；②与领域知识无关的诊断产生。Reiter给出一种系统的算法，有效地解决了由一组冲突集求全部诊断的问题。

在Reiter的方法中所需要的诊断知识包括：

(1) 系统的描述（*SD*）。表述一个特定系统的正常行为，包括系统内部元件的连接和每个正常元件应满足的约束方程。

(2) 系统的元件集（*COMPONENTS*）。组成该系统的所有元件的集合。

(3) 观测集（*OBS*）。元件的输入输出测量值的集合。

上述知识给出了一个诊断环境，记为：(*SD*，*COMPONENTS*，*OBS*)。

定义1　一个系统定义为一个三元组（*SD*，*COMPS*，*OBS*），其中*SD*为系统描述，是一阶谓词公式的集合；*COMPS*为系统的组成部件集合，是一个有限的常量集；*OBS*为一观测集，是一阶谓词公式的有限集。

以下使用一元谓词*AB*（*c*）表示元件*c*不正常（abnormal），

用$\sim AB(c)$表示元件 c 正常（not abnormal）。当且仅当 c 反常时 $AB(c)$ 为真，其中 $c \in COMPS$。有些系统用$\sim OK(\cdot)$代替 $AB(\cdot)$。

定义 2　冲突集（CS）是一个部件集 $\{c_1, c_2, \cdots, c_n\} \subseteq COMPS$，使得 $SD \cup OBS \cup \{\sim AB(c_1), \sim AB(c_2), \cdots, \sim AB(c_n)\}$ 不一致。

称某冲突集为极小冲突集（MCS），当且仅当该冲突集的任意真子集都不是冲突集。

定义 3　相应于（SD，COMPS，OBS）的一个诊断（diagnosis）是一个最小集合 $\Delta \subseteq COMPS$，使得 $SD \cup OBS \cup \{AB(c) \mid c \in \Delta\} \cup \{AB(c) \mid c \in COMPS - \Delta\}$ 相容。

定义 1 说明若一个元件集合中的元件均为故障的，且系统中的其余元件均为正常的假设，能够与系统描述和测量值相容，这样的一个最小元件集就是一个诊断。一个诊断环境中可能存在多个诊断，但其中任何一个都不会是另一个的子集。定义 2 说明在一个冲突集中至少有一个元件是故障的。在定理 1 的基础上，Reiter的诊断理论给出了由系统的冲突集合组求出所有的最小适配集，即所有诊断的形式化算法。Reiter 的算法并不要求只使用最小冲突集，但是指出，当冲突集合组仅包含全部的最小冲突集时，算法将大为简化。Reiter 并没有给出计算最小冲突集合组的有效方法。

碰集定义：称 H 为集合簇 $C = \{S_i\}(i = 1, 2, \cdots, N)$ 的一个碰集（hitting set），当且仅当 $H \subseteq U$（其中 $U = \bigcup_{S_i \in C} S_i = \{e_1, e_2, \cdots, e_M\}$，表示集合簇中所有元素的集合，设数目为 M）并且对每一个 $S_i \in C$，都有 $H \cap S_i \neq \phi$。如果它是满足以上性质的极小集合就叫做极小碰集 MHS。

5.3　基于 HSSE 求全体最小碰集的方法

基于 HSSE 求全体最小碰集的方法是由赵相福提出的，其基本思想是利用集合枚举树。

集合枚举树（SE 树）由 Rymon 提出：一个完全的 SE 树可以按照预先设定的顺序（如字母、数字顺序等）系统地枚举出一个集合的幂集的所有元素。例如集合 $S=\{a,b,c,d\}$，它的完全集合枚举树如图 5-1 所示。

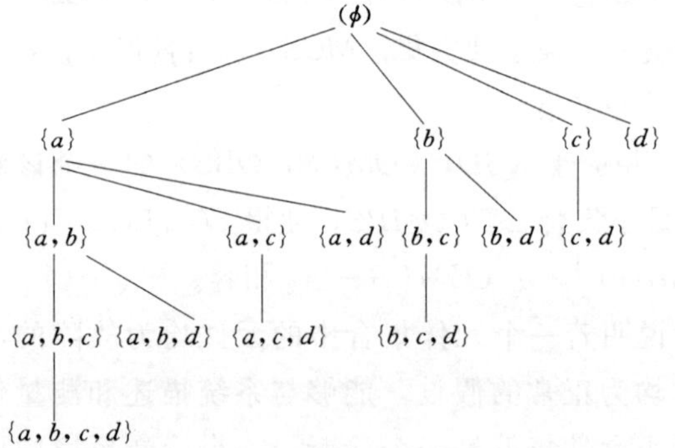

图 5-1　集合 $\{a, b, c, d\}$ 的 SE 树

已知集合簇 $F=\{S_i\}(i=1,2,\cdots,n)$，则 $U=\bigcup_{S_i\in F} S_i=\{e_1, e_2,\cdots,e_m\}$，表示集合簇中所有元素的集合，设数目为 m。

定义：如果 $e\in S$，则意味着元素 e 与集合 S 相关，而且，$Rcount(F,e)$ 记录在集合簇 F 中与元素 e 相关的集合的数目。

定理 2：已知集合簇 F，则如果集合 $H=\{e_1,e_2,\cdots,e_j\}\subseteq\bigcup_{S\in F} S$ 是 F 的一个碰集，则 $Rcount(F,e_1)+Rcount(F,e_2)+\cdots+Rcount(F,e_j)\geqslant|F|$。

推理 1：已知集合簇 F，某集合 $H=\{e_1,e_2,\cdots,e_j\}\subseteq\bigcup_{S\in F} S$ 是 F 的一个碰集，当且仅当与 H 中元素相关的所有不同的集合数目为 $|F|$。

由上述推理可知，判断某个集合 H 是否是集合簇 F 的一个碰集，可以通过数集合簇 F 中那些与 H 中元素相关的集合的数目来实现。后面的算法 1 就是基于此原理的。

定理 3：已知集合簇 $F=\{S_1,\cdots,S_n\}$，m 是 $S_1,\cdots,S_n$ 中所有不

同元素的个数。如果 $k=\min(n,m)$，则 F 的任何最小碰集的长度 l 不大于 k。

计算集合簇的所有最小碰集的基本思想：对于所有的元素（假设元素总数为 m），结合集合枚举树 SE，按照广度优先的方法枚举所有可能的集合，然后判断所枚举的集合 H 是否是集合簇 F 的碰集，即通过数与集合 H 元素相关联的不同集合的数目，如果为 n，则集合 H 是 F 的碰集，同时给节点添加一些标记（比如 MHS√ 剪枝节点×），以便提高搜索效率。

5.3.1　算法 1——用来判断集合 *H* 是否是集合簇 *F* 的碰集（*IsHS*）

输入：集合簇 $F=\{S_1,\cdots,S_n\}$，$\bigcup\limits_{S\in F} S=S_1\cup S_2\cup\cdots\cup S_n=\{c_1,c_2,\cdots,c_m\}$，集合 $H=\{e_1,e_2,\cdots,e_j\}\subseteq\bigcup\limits_{S\in F} S$（注：$j$ 是集合 H 的长度）。

输出：布尔值。

算法 1 的主要操作步骤：

Step1：从集合 H 的第一个元素开始，初始化脚标 $i=1(1\leqslant i\leqslant j)$；引入中间变量 $F'=F$；初始化用来计数与某元素关联的集合数目的变量 $count=0$。

Step2：如果 F' 是空，即 $|F|'=0$，或者集合 H 中的元素都已经计算过，即 $i>j$，则判断与集合 H 中元素相关的集合的总数：如果 $count=n$，则返回 true，否则返回 false，终止该算法。如果 $count\neq n$ 则继续。

Step3：计算与元素 c_i 相关联的集合的数目：$Rcount(F', c_i)$，然后累加到 $count$，即 $count=count+Rcount(F', c_i)$。

Step4：从 F' 中删除与元素 c_i 相关联的集合，即 $F'=F'\setminus\{S\mid c_i\in S\}$。

Step5：考虑 H 中下一个元素，即 $i=i+1$，然后返回 Step2。

注意：在此算法中，不要求集合簇 F 中的所有集合都是最小的（即可能存在某些集合是另外一些集合的子集），但是如果集合簇 F

中的素有集合都是最小的，会进一步提高效率。算法的时间复杂度为 O (mn)，对应最坏情况。

5.3.2 算法 2——用来计算 *MHS* (HSSE 树)

输入：假设输入为集合 *COMP* 和集合簇 F，实际上，集合 *COMP* 可以通过下面的方式获得：$F(COMPS = \bigcup_{S \in F} S = S_1 \cup S_2 \cup \cdots \cup S_n = \{c_1, c_2, \cdots, c_m\})$

输出：所有的 *MHS*。

在此算法中，不使用树结构，而是使用统一的链接表结构，比如集合枚举链接表 *enumSetLink*，最小碰集链接表 *pHS*，待扩展链接表 *needExLink*，等等。链接表的结构如图 5-2 所示。另外，假设集合 *COMPS* 中的元素顺序是固定的，而且枚举集合中的元素也具有相同的顺序。

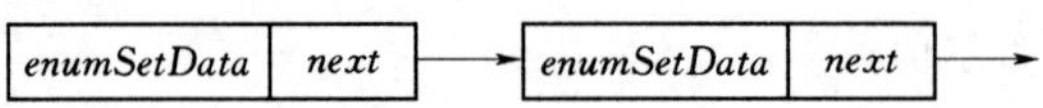

图 5-2 链接表结构

算法 2 的主要操作如下：

Step1：由于 SE 树的第一层是空集，所以算法从第二层出发：初始化 *enumSetLink* 为所有的单元素集合列表，设指针 p 指向 *enumSetLink* 中的第一个链接节点。初始化待扩展链接表 *needExLink* 以及最小碰集链接表 *pHS*，两者都设为空。同时设指针 q 指向 *needExLink* 中的第一个节点。假设 $m=|COMPS|$，$N=|F|$，$k=\min$ (n, m)，$i=2$，即 SE 树的当前层。

Step2：如果 $i>k$，终止。

Step3：如果 $p=null$，跳转步骤 Step9，即扩展 *needExLink*。

Step4：调用算法 *IsHS* 判断指针 p 所指向的集合（$p\rightarrow$*enumSetData*）是否是一个碰集。如果返回值为 *FALSE*，则跳转 Step7，否则继续。

Step5：判断 *pHS* 中是否存在非空集合是集合 $p\rightarrow$*enumSetDa-*

ta 的真子集。如果不是，即指针 *p* 所指向的集合是 *MHS*，则将集合 *p*→*enumSetData* 加入到 *pHS* 中，并且将 SE 树的相应节点标记为√，否则将 SE 树的相应节点标记为×。

Step6：释放指针 *p* 所指向的节点，让指针 *p* 指向下一个节点，跳转 Step3。

Step7：如果集合 *p*→*enumSetData* 包含 *COMPS* 的最后一个元素，则不能对其进行扩展，将 SE 树的相应节点标记为×，否则添加该集合到待扩展链接表 *needExLink* 中，跳转 Step6。

Step8：如果 $q=null$，即 *needExLink* 已经全部被扩展考虑完毕，则跳转 Step10。

Step9：假设 *index* 表示集合 *q*→*enumSetData* 中最后一个元素在 *COMPS* 中元素的脚标，则对于（$j=index+1$；$j<m$；$j++$），将集合 *q*→*enumSetData* 中的所有元素与 *COMPS*［*j*］中的元素合并成一个新的有序集合，并将其添加到 *enumSetLink* 中；然后释放 *q* 所指向的节点，并且让 *q* 指向 *needExLink* 中的下一个节点，跳转 Step8。

Step10：指针 *p* 指向 *enumSetLink* 中的第一个节点，$i=i+1$，跳转 Step2。

关于此算法的解释如下：

从 Step3 到 Step7，算法 2 调用算法 *IsHS*，是为了逐个判断 *enumSetLink* 中当前节点的集合是否是一个碰集，同时，对于是 *MHS* 的节点标记为√，或者对于在 SE 树中不能扩展的节点标记为×，以便剪枝，从而提高搜索效率。

Step9 是对 *needExLink* 中的所有节点进行扩展的过程，所扩展集合全部加到链接表 *enumSetLink* 中。

由算法 2 所获得的碰集都是集合簇 *F* 的 *MHS*。因为采用 SE 树枚举子集的过程是按照广度优先的顺序进行的，一旦某个集合是碰集，而不是 *pHS* 中已生成的 *MHS* 的真超集，则它一定是最小的。而且，如果一个节点是 *MHS*，则该节点被标记为√，不需要扩展。因此，其所有的直接后续节点（一定是该 MHS 的真超集）永远不会产生。如果某个集合不是碰集，并且它具有 $COMPS$ 中的最后一个元素，则该节点被标记为×，从而不能被扩展。另外，如果某个集合是某个已生成 MHS 的真超集，则相应的节点也被标记为×。否则，如果某个集合不是碰集，且不包含 $COMPS$ 的最后一个元素，则该节点被尽可能多地扩展，所以该算法最终会产生所有的 MHS。

算法 2 的时间复杂度为 $O(2^m)$，对应其最坏情况，因为由 SE 树所生成的节点数目最多为：

$$\sum_{i=2}^{k} C_m^i [k = \min(n,m)] \tag{5-1}$$

5.3.3 实例说明

（1）计算集合簇 $F = \{\{a,b,c,d\},\{a,b\},\{b,c\},\{a,c\},\{b,d\},\{b\}\}$ 的所有 MHS。

（2）初始化 $enumSetLink = \{\{a\},\{b\},\{c\},\{d\}\}$，即所有的单元素集合；链接表 $needExLink$ 和 pHS 全为空。$m = 4; n = 6, k = \min(n,m) = 4$，$COMPS$ 是一个有序集合 $\{a,b,c,d\}$，并且 d 是 $COMPS$ 的最后一个元素。

（3）$i=2$：$i \leqslant k$，此时 $enumSetLink = \{\{a\},\{b\},\{c\},\{d\}\}$。调用算法 $IsHS$ 来判断并且标记所有的枚举集合如下：

$\{a\}$：$Rcount(F,a) = 3 < 6$，因为该集合不包含 d（$COMPS$ 的最后一个元素），所以该节点被加入链接表 $needExLink$ 中。

$\{b\}$：$Rcount(F,b) = 5 < 6$，因为该集合不包含 d，所以该节点被加入链接表 $needExLink$ 中。

$\{c\}$：$Rcount(F,c) = 3 < 6$，因为该集合不包含 d，所以该节点被加入链接表 $needExLink$ 中。

$\{d\}$：$Rcount(F,d) = 2 < 6$，因为该集合包含 d，所以该节点被标记为×。

在判断和标记完 $enumSetLink$ 中的所有节点之后，链接表

enumSetLink 为空；链接表 *needExLink* 变成$\{\{a\},\{b\},\{c\}\}$。

由于链接表 *needExLink* 为$\{\{a\},\{b\},\{c\}\}$，而非空，所以它需要被扩展如下：$\{a\}$ 被扩展成$\{a,b\},\{a,c\},\{a,d\}$，三个新的节点被加入到 *enumSetLink* 中，然后 *needExLink* 中的节点 $\{a\}$ 被释放；$\{b\}$ 被扩展成 $\{b, c\}$，$\{b, d\}$，两个新的节点都被加入到 *enumSetLink* 中，然后 *needExLink* 中的节点 $\{b\}$ 被释放；$\{c\}$ 被扩展成 $\{c, d\}$ 新的节点被加入到 *enumSetLink* 中，然后 *needExLink* 中的节点 $\{c\}$ 被释放。

扩展完 *needExLink* 中的所有节点之后，*enumSetLink* 变成$\{\{a,b\},\{a,c\},\{a,d\},\{b,c\},\{b,d\},\{c,d\}\}$，而 *needExLink* 为空。

(4) $i=3$：$i\leqslant 4$，此时 $enumSetLink=\{\{a,b\},\{a,c\},\{a,d\},\{b,c\},\{b,d\},\{c,d\}\}$。调用算法 *IsHS* 来判断并且标记所有的枚举集合如下：

$\{a, b\}$：调用算法 $IsHS(\{a,b\},F)$，$count=6=n$，因此该集合是一个碰集；此时 *pHS* 为空，所以，该集合是*MHS*；将该节点被加入链接表 *pHS* 中，该节点被标记为√。

$\{a, c\}$：调用算法 $IsHS(\{a,c\},F)$，$count=5<6$，因此该集合不是一个碰集；同时该集合中不包含 d，所以该被添加到 *needExLink* 中。

$\{a, d\}$：调用算法 $IsHS(\{a,d\},F)$，$count=3<6$，因此该集合不是一个碰集，同时该集合中包含 d，所以该节点被标记成×。

$\{b, c\}$：调用算法 $IsHS(\{b,c\},F)$，$count=6=n$，因此该集合是一个碰集，并且不是已生成的 $MHS\{a,b\}$ 的真超集，所以，该集合被加入链接表 *pHS* 中，该节点被标记为√。

$\{b, d\}$：调用算法 $IsHS(\{b,d\},F)$，$count=5<6$，因此该集合不是一个碰集，同时该集合中包含 d，所以该节点被标记成×。

$\{c, d\}$：调用算法 $IsHS(\{c,d\},F)$，$count=4<6$，因此该集合不是一个碰集，同时该集合中包含 d，所以该节点被标记成×。

判断和标记完 *enumSetLink* 中的所有节点之后，链接表 *enum-*

SetLink 为空；链接表 *needExLink* 变成 $\{a, c\}$。

由于链接表 *needExLink* 为$\{a,c\}$，而非空，所以它需要被扩展如下：$\{a, c\}$ 被扩展成 $\{a, c, d\}$，这个新节点被加入到 *enumSetLink* 中，然后 *needExLink* 中的节点 $\{a, c\}$ 被释放。

扩展完 *needExLink* 中的所有节点之后，*enumSetLink* 变成 $\{a, c, d\}$，而 *needExLink* 为空。

(5) $i=4$：$i\leqslant 4$，此时 *enumSetLink* 为$\{a,c,d\}$，调用算法 *IsHS* 来判断并且标记所有的枚举集合如下：$IsHS(\{a,c,d\},F)$，$count=5<6$，因此不是碰集，而且集合中包含 d，所以该节点被标记成×。

判断和标记完 *enumSetLink* 中的所有节点之后，链接表 *enumSetLink* 和链接表 *needExLink* 都为空。

此时 *needExLink* 为空，所以不需要再扩展。

(6) $i=5$：$i>k=4$。所以该算法终止。最后，集合簇 F 所有 *MHS* 就是 *pHS* 中的集合：$\{a, b\}$，$\{b, c\}$。

基于 HSSE 来求解全部 *MHS* 的过程如下图 5-3 所示：

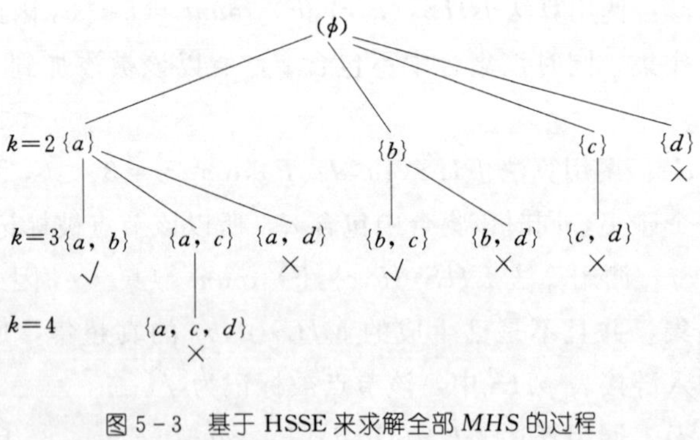

图 5-3　基于 HSSE 来求解全部 *MHS* 的过程

这种基于 HSSE 方法能够确保求出全部最小碰集，并且搜索到的解仅由最小碰集构成，不会包含多余的信息。由于采用了特定的数据结构，因而实现相对简单。但是其节点搜索会随着问题规模增大而急剧增加，从而使其不适用于大型复杂系统。

5.4 改进的 BNB－HSSE 方法

计算最小碰集是基于模型进行故障诊断的关键步骤，也是基于多信号模型进行测试性分析的关键步骤。计算最小碰集属于组合优化的问题，是一个 NP 问题。对于分支定界法，是一种广泛应用的搜索算法，其本质上由两个步骤组成：①将原始问题划分成一系列子问题；②分别计算上界和下界，如果下界超过了上界，则可以将该子问题剪切掉，从而使得搜索空间大大减小。然而传统的分支定界法只能求取一个最优解。为此笔者引入了集合枚举树。设枚举层次由上向下依次增加，则经分析可见，枚举集合数目首先随着枚举层次的增加而增加，然后，又会随着枚举层次的增加而下降。显然，对于集合元素数目较大的情况，该方法由于过大的计算量而难以应用。本章阐述的方法 BNB－HSSE，则仅仅利用其第 2 层的单元素集合枚举，从而大大简化了枚举过程。将两者结合起来，既可以求取全体最小碰集，又能具有较高的计算效率，适用于大型复杂系统。

5.4.1 传统的 BNB 方法

Fijany 在参考文献[141]中将碰集问题转换成整数编程（Integer Programming，简称 IP）问题，定义一个 0/1 二进制矩阵 A，称为关联矩阵，仅当 j^{th} 元素 m_j 属于第 i^{th} 个集合 C_i 时，$a_{ij}=1$。

$$
A=\begin{matrix} & \begin{matrix} m_1 & m_2 & \cdots & m_n \end{matrix} \\ \begin{matrix} C_1 \\ C_2 \\ \vdots \\ C_m \end{matrix} & \begin{bmatrix} 1 & 0 & \cdots & 0 \\ 0 & 1 & \cdots & 1 \\ \vdots & \vdots & \cdots & \vdots \\ 1 & 1 & \cdots & 0 \end{bmatrix} \end{matrix} \tag{5-2}
$$

设 $x=(x_1, x_2, \cdots, x_n)$ 为二进制向量，如果元素 m_j 属于最小冲突集，则 $x_j=1$，否则 $x_j=0$。因此，求碰集问题可以转换成求 0/1 整数规划问题：

$$\begin{aligned} &minimize \quad && x_1+x_2+\cdots+x_n \\ &subject\ to \quad && |Ax| \geqslant |b|,\ x_j=0/1 \end{aligned} \tag{5-3}$$

式中：$b^{T}=(1,1,\cdots,1)$，为全 1 向量。

5.4.1.1 诊断的边界

上述的转换提供了两方面优势以便于开发效率更高的算法：其一，由于矩阵 A 是一个二进制矩阵，且向量 b 也是二进制的，因而上述的形式只是整数编程问题的一种特例；其二，通过使用上述形式，故障组件的最小数目可以在没有清晰求解的情况下确定。为此，定义向量的 1 阶和 2 阶范数如下：

$$\| x \|_1 = \sum_{j=1}^{n} |x_j| ; \| x \|_2 = \sqrt{\sum_{j=1}^{n} {x_j}^2} \tag{5-4}$$

使用上述范数定义等式，则$\| b \|_1=m$，$\| b \|_2=\sqrt{m}$。由于矩阵 A，向量 x、b 的元素都为正，所以可以导出下列两个不等式：

$$\left.\begin{aligned} &\| A \|_1 \times \| x \|_1 \geqslant m \Rightarrow \| x \| \geqslant m/\| A \|_1 \\ &\| A \|_2 \times \| x \|_2 \geqslant \sqrt{m} \Rightarrow \| x \|_2 \geqslant \sqrt{m}/\| A \|_2 \end{aligned}\right\} \tag{5-5}$$

由于是目标最小化，因此可以将采用某种启发性方法求得的解作为上界看待。比如按照隶属集合数目越多的元素优先选择的原则得到的解 x，其中 $x=(x_1,x_2,\cdots,x_n)$ 取值为 1 的 x_i 的数目，作为 BNB 搜索时的上界。

5.4.1.2 若干自定义函数

在进行算法描述之前，首先引入如下的表示声明：原始二进制矩阵设为 A $(m\times n)$，A 的各列的分别表示为 1，2，…，n，其列的子集表示成 $\{1, 2, \cdots, n\}$。由于 BNB 算法是基于搜索树的节点搜索，定义搜索树的每个节点表示成一个 *label*，其形式为 $\lambda_1=(M,T_1,T_2)$，其中 M 是原始矩阵 A 的子矩阵。T_1 和 T_2 分别是原始矩阵 A 列的子集，且互不相交。这样的划分其意义在于：T_1 已经被选作解的一部分的那些列的集合；T_2 没有被选作解的一部分的那些列的集合。注意最优化问题的一个解可以被看成是原始矩阵 A 的列的一个子集，这些列相加会得到一个所有元素都非 0 的向量。下面讨论算法所必需的子函数。

（1）函数 *place_finding*。

考虑某个节点 *label*=（M，T_1，T_2）。由于 M 是原始矩阵 A 去除 $T_1 \cup T_2$ 中所包含的列之后得到的列，M 中每一列唯一对应 A 中的不同列，因此，可以用 A 中序号来标识 M 中每一列。事实上，如果针对 M 中的每个列，给定 T_1 和 T_2，则能够找到其在原始矩阵 A 中的相应列。函数 *place_finding* 就是用来建立这种对应关系的。为了简化起见，将 *place_finding*［T_1，T_2，j］简化成 $\tilde{j}$，而 T_1 和 T_2 则根据上下文去理解。

（2）函数 *remove_0*，*remove_1*。

remove_1［M，j］：操作的结果是删除 M 中的 j^{th} 列以及该列所包含的 1 所对应的行之后剩余的矩阵。

remove_0［M，j］：操作的结果是删除 M 中的 j^{th} 列之后剩余的矩阵。

比如，考虑矩阵

$$M=\begin{bmatrix} 0 & 0 & 1 & 1 \\ 1 & 1 & 0 & 1 \\ 1 & 0 & 1 & 0 \\ 0 & 1 & 0 & 1 \end{bmatrix}$$

则为了计算 *remove_1*［M，2］，需删除 M 中的 2nd 列，由于该列的 2nd 和 4th 元素为 1，因此需删除 M 的 2nd 和 4th 行。结果为：

$$remove\_1\ [M,\ 2]=\begin{bmatrix} 0 & 1 & 1 \\ 1 & 1 & 0 \end{bmatrix}$$

而对于 *remove_0*［M，2］，则只需删除 M 的 2nd 列，结果为：

$$remove\_0\ [M,\ 2]=\begin{bmatrix} 0 & 1 & 1 \\ 1 & 0 & 1 \\ 1 & 1 & 0 \\ 0 & 0 & 1 \end{bmatrix}$$

(3) 函数 *rule*。

函数 *rule* 包含 5 条规则，用以简化系统最优解的寻找过程。

规则 1：如果矩阵 A 具有一全 1 列 col_j，则只包含 j^{th} 元素 x_j 的集合就是一个碰集。换句话，向量 x 是系统的一个最优解，且其构成为第 j^{th} 元素处为 1，其他元素处为 0。

规则 2：如果矩阵 A 的某一行权重为 1，即只有一个元素为 1，且设第 j^{th} 元素为 1，则第 j^{th} 元素 x_j 被包含在最小碰集中。此时，可以通过去除该行以及 j^{th} 列来简化系统，并且将第 j^{th} 元素 x_j 添加到新系统的解中（即该列必选）。

规则 3：如果矩阵 A 具有全 1 行，则删除该行。

规则 4：如果矩阵 A 具有全 0 列，则删除该列。

规则 5：如果矩阵 A 具有两个相等的行，则删除其中之一，只保留一个。

下面详细解释这些规则是如果影响搜索树中节点的 *label* 的。假设 $(M, \{T_1, T_2\})$ 是某个节点的 *label*。应用规则 1，如果矩阵 M 没有全 1 列，则不需作任何操作，节点的 *label* 不变，否则，假设 j^{th} 列为全 1，则规则 1 将 *label* 变成 $(\phi, T_1 \cup \{\tilde{j}\}, T_2)$。用规范的数学描述，则定义函数 *rule*_1 如下：

$$rule\_1[(M,T_1,T_2)] = \begin{cases} (M,T_1,T_2) & \text{如果 } M \text{ 没有全 1 列} \\ (\phi,T_1 \cup \{\tilde{j}\},T_2) & \text{如果 } M \text{ 的第 } j \text{ 列为全 1 列} \end{cases} \tag{5-6}$$

为了定义规则 2 的操作，首先引入一个有用的概念。设 e_j 为单位二进制向量（即权重为 1），其第 j^{th} 个位置处的元素为 1。基于此定义，则函数 *rule*_2 的操作定义如下：

$$rule\_2[(M,T_1,T_2)] = \begin{cases} remove\_1[M,j],T_1 \cup \{\tilde{j}\},T_2 & \text{如果 } M \text{ 的某一行为 } e_j \\ (M,T_1,T_2) & \text{其他} \end{cases} \tag{5-7}$$

函数 *rule*_3 定义如下所示，其中 M' 是 M 删除所有的全 1 行之后得到的矩阵。

$$rule\_3[(M,T_1,T_2)]=\begin{cases}(M',T_1,T_2) & \text{如果 } M \text{ 具有全1行}\\(M,T_1,T_2) & \text{其他}\end{cases} \tag{5-8}$$

函数 $rule\_4$ 和函数 $rule\_5$ 的定义如下所示，其中 M' 是 M 删除其多余相等行，而只保留其一之后得到的矩阵。

$$rule\_4[(M,T_1,T_2)]=\begin{cases}remove\_0[M,j],T_1,\{\tilde{j}\}\cup T_2 & \text{如果 } M \text{ 的第 } j \text{ 列为全0}\\(M,T_1,T_2) & \text{其他}\end{cases} \tag{5-9}$$

$$rule\_5[(M,T_1,T_2)]=\begin{cases}(M',T_1,T_2) & \text{如果 } M \text{ 具有相同的两行}\\(M,T_1,T_2) & \text{其他}\end{cases} \tag{5-10}$$

注意：一旦这些规则中的某一个应用于某个 label $\lambda_1=(M, T_1, T_2)$ 上，并且应用完规则后的 label 为 λ_2，则可以针对 λ_2 重复应用这些规则。为此，函数 $rule^*$ 定义为在 label 上重复应用 $rule\_1 \sim rule\_5$，直到不能再用为止。很显然，函数 $rule^*$ 定义完好：即 $rule^*(\lambda)$ 的结果不依赖于函数 $rule\_1$ 和函数 $rule\_2$ 的应用顺序。

如，考虑 label $\lambda_1=(M_1, \phi, \phi)$，其中

$$M_1=\begin{bmatrix}0&0&1&0&1\\0&1&0&0&0\\0&0&0&1&0\\1&0&1&1&1\\1&0&1&0&0\\0&0&1&1&1\end{bmatrix}$$

M_1 的 2nd 行等于单位二进制向量 e_2，并且其 3rd 行等于 e_4。因此，应用 $rule\_2$ 时，有两种可能的选择：第一种，选择去除 2nd 行；第二种，选择去除 4th 行。以第一种选择为例，则结果为 $\lambda_2=(M_2, \{2\}, \phi)$，其中

$$M_2 = \begin{bmatrix} 0 & 1 & 0 & 1 \\ 0 & 0 & 1 & 0 \\ 1 & 1 & 1 & 1 \\ 1 & 1 & 0 & 0 \\ 0 & 1 & 1 & 1 \end{bmatrix}$$

M_2 的 2nd 行等于 e_3，因此可以应用 $rule\_2$，结果为 $\lambda_3 = (M_3, \{2, 4\}, \phi)$，其中

$$M_3 = \begin{bmatrix} 0 & 1 & 1 \\ 1 & 1 & 0 \end{bmatrix}$$

注意：M_3 的 3rd 列是原始矩阵 M_1 的 5th 列。最后，应用 $rule\_1$ 得到结果为 $\lambda_4 = (\phi, \{2,3,4\}, \{1,5\})$（$M_3$ 的 2nd 列是原始矩阵 M_1 的 3rd 列），因此，

$$rule^*[\lambda] = (\phi, \{2,3,4\}, \{1,5\})$$

（4）函数 *split*。

在 *label* 集合上定义划分函数 *split*，*split* $[\lambda]$ 的结果是一对 (λ_1, λ_2)。假设 $\lambda = (M, T_1, T_2)$，如果 $T_1 \cap T_2 = \{1, 2, \cdots, n\}$，即如果 $T_1 \cap T_2$ 是矩阵 A 的所有列的集合，则函数 *split* 没有定义。否则，设 $j \notin T_1 \cap T_2$ 是原始矩阵 A 中对应于 M 的最大权值列（如果有多个最大权值列，则选择第一个）。然后，假设 j^{th} 列是解集的一部分/不是解集的一部分，以此为基础，定义两个新的 *label*，如下：

$$\lambda_0 = (remove\_0[M, j], T_1, T_2 \cup \{\tilde{j}\})$$
$$\text{（假设 } j^{th} \text{ 列不是解中的一部分）} \tag{5-11}$$

$$\lambda_0 = (remove\_1[M, j], T_1 \cup \{\tilde{j}\}, T_2)$$
$$\text{（假设 } j^{th} \text{ 列是解中的一部分）} \tag{5-12}$$

函数 *split* 定义为：

$$split[\lambda] = (rule^*[\lambda_0], rule^*[\lambda_1]) \tag{5-13}$$

（5）函数 *upper_bound*。

狭义的函数 *upper_bound* 定义在矩阵 A 之上，是待讨论系统

的最优解的上限。广义的函数 *upper _ bound* 定义在 *label* 集合之上，对于 *label*，$\lambda=(M, T_1, T_2)$，*upper _ bound* $[\lambda]$ 提供了待讨论系统的上限，如果

$$x_j=1, x_j \in T_1$$

$$x_j=0, x_j \in T_2$$

则　　$upper\_bound[\lambda]=|T_1|+upper\_bound[M]$

特殊情况下，$M=\phi$，则有 $upper\_bound[\lambda]=|T_1|$。注意，函数 *upper _ bound* 既可以应用到矩阵上，也可以应用到 *label* 上。

对于矩阵而言，为了寻找其 *upper _ bound*，首先选择 A 的具有最大权值的列 col_1（如果具有几个这样的列，则任意取其一），然后，删除矩阵 A 的列 col_1 以及列 col_1 中所有非零元素所对应的行，构建子矩阵。重复此过程直到矩阵为空。此时获得的 c_1，c_2，…，c_t 则确定为问题 $Ax \geqslant b$ 的一个解，并且其个数 t 为解的上界。在讨论矩阵的上界时，下面两条规则适用：

1）如果矩阵 A 具有一个全 1 列，则其上界等于 1；

2）如果矩阵 A 的某行权值为 1，则去除该行以及相应的列，得到矩阵 A_1，则 $upper\_bound[A]=1+upper\_bound[A_1]$。

（6）函数 *upper _ bound _ set*。

对于 *label*，$\lambda=(M, T_1, T_2)$，函数 $upper\_bound\_set(\lambda)$ 返回实现 $upper\_bound[\lambda]$ 的集合，即 T_1 和提供 M 上界 $upper\_bound\_set(M)$ 的列集的并集。

（7）函数 *lower _ bound*。

广义的，将函数 *lower _ bound* 扩展成应用到 *label* 上的函数。具体而言，对于 *label*，$\lambda=(M, T_1, T_2)$，其中 M 是原始矩阵 A 的一个 $k \times j$ 子矩阵，则

$$lower\_bound[\lambda]=|T_1|+k/\|M\|_1 \tag{5-14}$$

（8）函数 *test _ solution*。

该函数定义在 *label* 之上，其值为二值逻辑值，真/假。如果 T_1 集合中的列构成了待求系统的一个解，则 *test _ solution*[(M,

T_1, T_2)] 为真，否则该函数值为假。

(9) 函数 *test _ leaf*。

该函数定义在 *label* 集合之上，其值为二值逻辑值，即真/假，用来确定搜索树中的某个节点是否是树叶，即该节点是否具有子节点。该函数的参数为 $\lambda = (M, T_1, T_2)$，以及函数 *upper _ bound* 的值 U，定义如下：

$$test\_leaf[labels, U] = \begin{cases} \text{true, if} \quad T_1 \cup T_2 = \{1, 2, \cdots, n\} \quad \text{or} \\ \text{true, if} \quad lower\_bound[\lambda] > U \quad \text{or} \\ \text{true, if} \quad test\_solution(\lambda) = true \quad \text{or} \\ \text{true, if} \quad M \text{ 包含一个全 0 行} \quad \text{or} \\ \text{false, 其他} \end{cases} \tag{5-15}$$

5.4.1.3 BNB 算法描述

完整的 BNB 算法如下：

```
BNB(A)
labels={rule*[(A,φ,φ)]}
U=infinity     /*upper    bound*/
solution=φ
While   labels≠φ
Chose   λ=(M,T1,T2)∈labels
labels=Labels-{λ}
If   test_solution[λ]=true & upper_bound[λ]<U then
solution=T1
U=upper_bound[λ]
End if
If   test_solution[λ]=true & upper_bound[λ]=U &solution=φ then
solution=T1
If   upper_bound[λ]<U then
U=upper_bound[λ]
solution=upper_bound_set[λ]
End if
If   test_leaf[λ,U]=false   then
```

```
(λ0,λ1)=split[λ]
labels=labels∪{λ0,λ1}
End if
If  test_leaf[λ,U]=true & upper_bound[λ]=U & solution=ϕ
Then solution=upper_bound_set[λ]
End while
Return solution
```

5.4.2　改进的 BNB - HSSE 算法描述

BNB 算法中的五条规则及其意义：

规则 1：如果在集合簇 $C=\{S_i\}\quad i=1,2,\cdots,N$ 中，所有的 S_i，$i=1$，2，…，N 都包含某个元素 j，则元素 j 就构成了一个单元素碰集。

规则 2：如果有某个 $S_i,i=1,2,\cdots,N$ 只包含一个元素，则该元素一定是包含在最小碰集的元素。

规则 3：如果集合簇 $C=\{S_i\}\quad i=1,2,\cdots,N$ 中的某个集合 S_i，$i=1$，2，…，N 包含所有的元素，则该集合对于讨论极小碰集没有意义，将其删除。

规则 4：如果某个元素不被集合簇 $C=\{S_i\}\quad i=1,2,\cdots,N$ 中任意 S_i，$i=1$，2，…，N 包含，则该元素一定不是极小碰集中的元素。

规则 5：如果集合簇 $C=\{S_i\}\quad i=1,2,\cdots,N$ 中有两个集合 S_i，S_j，i，$j=1$，2，…，N 包含相同的元素，则其对极小碰集的贡献只相当于一个。

由 BNB 算法分析可知，搜索过程中确立的下界如果越高，则越有利于将不存在最优解的节点剪切掉，从而缩短搜索时间。对于给定原始矩阵 A，依次对矩阵的每一列非零元素求和，其物理意义为每个元素所能覆盖的集合簇中集合的数目 m_j，$j=1$，2，…，n。从中寻找数目最大的一个，则优化问题的解最少需要的元素个数为：

$$L_1=m/\max(m_j) \tag{5-16}$$

式中：m 为原始集合簇中集合的数目。

而 Fijany 的 BNB 方法中将下界确定为：

$$L_2 = m / norm(A) \tag{5-17}$$

式中：*norm* 为一阶范数。

为此在上述两个下界中选择较大的一个，更有利于搜索算法的进行。

即下界：

$$L=\max(L_1, L_2) \tag{5-18}$$

在 BNB - HSSE 算法中，对函数 *lower _ bound* 做如下改进，并定义为函数 *lower _ bound _ new*：在按照 BNB 搜索树进行搜索过程中，针对每一个节点 $labels=\{M, T_1, T_2\}$，其确定下界的方法可以扩展成依次统计当前节点 *label* 的 M 中包含每个元素的集合的个数 m_j，$j=1, 2, \cdots, K$（其中 K 为当前节点 *label* 的 M 中所包含的所有元素的数目），则最少需要 LB 个元素构成的集合才能满足碰集的要求。LB 的计算方式如下：

$$L_1 = W/\max(m_j) \tag{5-19}$$

$$L_2 = W/norm(M) \tag{5-20}$$

$$L = \max(L_1, L_2) \tag{5-21}$$

$$LB = |T_1| + L \tag{5-22}$$

式中：W 为当前节点 *label* 的 M 中集合的数目；$|T_1|$ 为当前已被选作解的元素数目。

在 BNB - HSSE 算法中，上界是由用户给定的，用 *U _ given* 表示，不再需要采用函数去计算，函数 *test _ leaf* 的定义方法略有不同，即在每次判断后添加一个标志 *flag*，用来区分该叶节点属于哪种情况，命名为 *test _ leaf _ new*，定义如下：

$$\begin{array}{c} test\_leaf\_new \\ [\lambda, U\_given] \end{array} = \begin{cases} 1, flag = 1; T_1 \cup T_2 = U \\ 1, flag = 2; lower\_bound(\lambda) > U\_given \\ 1, flag = 3; test\_solution(\lambda) = \text{true} \\ 1, flag = 4; M \text{包含全 0 行} \\ 0, \text{其他} \end{cases} \tag{5-23}$$

该函数用来判断分支定界时当前处理的节点是否需要进一步分支，如果 $test\_leaf\_new[\lambda,U\_given]=1$，则不需要进一步分支，如果 $test\_leaf\_new[\lambda,U\_given]=0$ 则需要进一步分支。

算法 BNB-HSSE 描述如下：

Step1：输入集合簇 $C=\{S_i \quad i=1,2,\cdots,N\}$，集合的个数 N，元素的个数 M；输入上界 U_given。

Step2：初始化 *labels* 令其 $M=C$，$T_1=\phi$；$T_2=\phi$；初始化 $pHS\_set=\phi$；初始化 $labels\_set=labels$，计算 $labels\_set$ 中 *labels* 的个数 m_labels，此时 $m\_labels=1$。

Step3：应用规则 1-5 启发式化简集合簇 C。

Step4：当 $m\_labels\neq 0$ 时，即 $labels\_set$ 不为空，执行 Step5，否则执行 Step13。

Step5：从 $labels\_set$ 随机选择一个节点，作为当前节点 *labels*，并将其从 $labels\_set$ 中去除；$m\_labels=m\_labels-1$。

Step6：对当前 *labels* 应用 $test\_solution$ 函数，结果为 $yn1$。

Step7：对当前 *labels* 应用 $test\_leaf\_new[\lambda,U\_given]$ 函数，结果为 $yn2$。

Step8：如果 $yn2=0$(false)，则对 *labels* 应用 *split* 函数，得 $labels\_new$。

Step9：对于 $labels\_new$ 中的每一个 *labels*，依次进行如下三种操作：

操作 1：如果其 T_1 中元素的个数为 U_given，且该 *labels* 的 $C=\phi$，则将该 *labels* 添加到 pHS_set 中。

操作 2：如果其 T_1 中元素的个数为 $U\_given-1$，则应用 HSSE 方法，计算其所有单元素碰集 pHS，如果 $pHS\neq\phi$，则将 pHS 中的每一个单元素转换成原始序号，添加到当前 *labels* 的 T_1 中，构成 pHS_new，然后将 pHS_new 添加到 pHS_set 中。

操作 3：如果其 T_1 中元素的个数为其他情况，即 $<U\_given-1$，则调用函数 $lower\_bound\_new$ 对当前 *labels* 求下界 LB，如果

$LB \leqslant U\_given$，将当前 *labels* 添加到 *labels_set* 中，$m\_labels = m\_labels + 1$。

Step10：如果 $yn2=1$(true) 且 $flag=1$，且当前 *labels* 的 T_1 中元素个数为 U_given，且 $yn1=1$(*true*)，则把当前 *labels* 的 T_1 添加到 *pHS_set* 中。

Step11：如果 $yn2=1$(true) 且 $flag=3$，且当前 *labels* 的 T_1 中元素个数为 U_given，则把当前 *labels* 的 T_1 添加到 *pHS_set* 中。

Step12：返回 Step4。

Step13：输出 *pHS_set*。

通过对 BNB_HSSE 的分析可知，该算法得到的 *pHS_set* 是等于给定上界 *U_given* 的碰集簇。其中包含两部分，第一部分是包含 *U_given* 个元素的所有最小碰集，第二部分则是包含某些元素数目小于 *U_given* 的最小碰集的真超集，而且第二部分究竟包含哪些元素数目小于 *U_given* 的最小碰集，是不确定的。

由于要求给定集合簇的所有最小碰集，所以，如果已知元素数目小于 *U_given* 的所有最小碰集构成的集合簇 *pHS_set_low*，以及元素个数为 *U_given* 的碰集簇 *pHS_set*，则从 *pHS_set* 中扣除那些包含 *pHS_set_low* 的真超集，剩余则为元素数目为 *U_given* 的所有最小碰集的集合簇。算法 DEL_CONTAIN 就是按此思路进行设计的。

算法 DEL_CONTAIN

Step1：输入 *pHS_set* 和 *pHS_set_low*，且 *pHS_set* 中元素的个数为 $m1$，*pHS_set_low* 中元素的个数为 $m2$。

Step2：i 从 1 到 $m1$，即 i 依次指向 *pHS_set_low* 中的元素。

Step3：j 从 1 到 $m2$，即 j 依次指向 *pHS_set* 中的元素。

Step4：求 $pHS\_set\_low(i)$ 和 $pHS\_set(j)$ 的交集，如果交集等于 $pHS\_set\_low(i)$，则有 $pHS\_set\_low(i) \subseteq pHS\_set(j)$，在 *pHS_set* 中删除当前 $pHS\_set(j)$。

Step5：返回 Step3。

Step6：返回 Step2。

Step7：将此时 pHS_set 赋予 $result$ 作为算法输出。

算法 MAIN 的基本思路是计算根节点的下界 LB，然后 U_given 从 LB 开始，依次变化为 $LB+1$，$LB+2$，$LB+3$…调用 BNB_HSSE 算法，分层计算等于 U_given 的碰集集合簇，再调用算法 DEL_CONTAIN 计算相邻的两层碰集集合簇的差，作为新的元素数目为 U_given 的全部最小碰集簇添加到集合簇 MHS 中，直到相邻的两层碰集集合簇的差为空时，即没有新的 MHS 存在时为止。

算法 MAIN

Step1：输入集合簇 $C=\{S_i \quad i=1,2,\cdots,N\}$，集合的个数 N，元素的个数 M。

Step2：初始化 $lables$ 令其 $MC=C$，$T_1=\phi$；$T_2=\phi$；计算 LB。初始化标志 $flag1=0 \quad flag2=0$。初始化 MHS 为空。$i=LB$。

Step3：当 $flag1=0$ 时，执行 Step4；$flag1\neq 0$ 时，执行 Step8。

Step4：调用算法 BNB-HSSE，输入参数为集合簇 $C=\{S_i \quad i=1, 2, \cdots, N\}$，集合的个数 $ma=N$，元素的个数 na；以及 i；输出参数为 pHS_set。

Step5：如果 pHS_set 不为空，则 $flag2=1$。

Step6：调用算法 del_contain，输入为 pHS_set 和 MHS，输出为 $result$。

Step7：如果 $result$ 为空，且 $flag2=1$，则跳出 while 循环；否则将 $result$ 添加到 MHS 中。

$i=i+1$，返回 Step3。

Step8：结束。

算法 MAIN 中，标志 $flag1$ 的设定仅仅为了无条件启动循环，而标志 $flag2$ 则记录是否已经找到了碰集。如果 $flag2=0$，则表示还没有找到碰集，而 $flag2=1$ 则表示已经找到了碰集。

5.5 实例分析与仿真验证

5.5.1 实例分析

给定集合簇 $C=\{\{3,8\},\{2,4,9\},\{1,3,4,7,8\},\{1,4,7\},\{1,3,4,5,7,8,9\},\{3,4,5,6,7,9\},\{2,4,5,8\},\{2,3,4,5,6,7,8\},\{1,2,3,4,5,8,9\}\}$，其集合的个数 $N=9$，元素的个数 $M=9$；通过计算得集合簇 C 的下限 $LB\_0=2$，初始化标志 $flag1=0$、$flag2=0$；$MHS=\phi$；$U\_given=2$。

(1) 算法 MAIN 第一次 while 循环，$U\_given=2$。

调用算法 BNB - HSSE，其输入参数为集合簇 $MC=C$，集合的个数 $W=N=9$，元素的个数 $K=M=9$，运行结果 $pHS\_set=\{\{4, 3\}, \{4, 8\}\}$。算法 BNB - HSSE 的执行过程如图 5 - 4 所示，图中各节点具体如下：

节点 0：$label0=\{C, \phi, \phi\}$。

节点 1：$label1=\{M_1, \phi, 4\}$，其中 $M_1=\{\{3,8\},\{2,9\},\{1,3,7,8\},\{1,7\},\{1,3,5,7,8,9\},\{3,5,6,7,9\},\{2,5,8\},\{2,3,5,6,7,8\},\{1,2,3,5,8,9\}\}$。

节点 2：$label2=\{M_2,4,\phi\}$，其中 $M_2=\{\{3,8\}\}$。

节点 3：$label3=\{M_3,\{3\},\{4\}\}$，其中 $M_3=\{\{2,9\},\{1,7\},\{2,5,8\}\}$。

节点 4：$label4=\{M_4,\phi,\{4,3\}\}$，其中 $M_4=\{\{8\},\{2,9\},\{1,7,8\},\{1,7\},\{1,5,7,8,9\},\{5,6,7,9\},\{2,5,8\},\{2,5,6,7,8\},\{1,2,5,8,9\}\}$。

节点 5：$label5=\{M_5,\phi,\{4,3,8\}\}$，其中 $M_5=\{\{2,9\},\{1,7\},\{1,5,7,9\},\{5,6,7,9\},\{2,5\},\{2,5,6,7\},\{1,2,5,9\}\}$。

需要说明的是，节点 5 处的集合簇是应用启发式规则 5 进行化简后的结果。

节点 6：$label6=\{M_6,\{8\},\{4,3\}\}$，其中 $M_6=\{\{2,9\},\{1,7\},$

$\{5,6,7,9\}\}$。

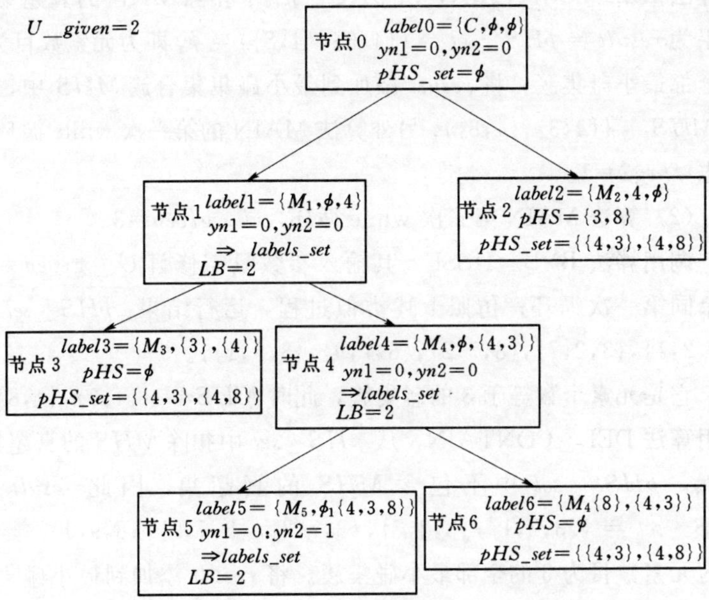

图 5-4　$U\_given=2$ 时的算法 BNB-HSSE 的执行过程

图 5-4 中的节点 0、1、4 处由于其 $yn2=0$，因此节点分裂成两个节点，而在节点 5 处由于其 $yn2=1$，因此该节点不需进一步分支。另外，在对分支后节点进行处理时，其中节点 1、4 执行算法 BNB-HSSE 第 9 步的操作 3，即将其添加到 $labels\_set$ 中等待下一步处理，而节点 2、3、6 则执行算法 BNB-HSSE 第 9 步的操作 2，即对当前节点的集合簇进行 HSSE 的单元素碰集搜索，从而得到 pHS。在节点 2 处得到的 $pHS=\{3,8\}$，并将 pHS 中的每一个单元素添加到节点 2 的 T_1 中，构成 $pHS\_new=\{\{4,3\},\{4,8\}\}$，然后将 pHS_set 添加到 pHS_set 中，因而节点 2 处的 $pHS\_set=\{\{4,3\},\{4,8\}\}$。由于在节点 3、6 处均有 $pHS=\phi$，因而这两个节点处的 pHS_set 维持不变。

算法 BNB-HSSE 的运行结果 $pHS\_set=\{\{4,3\},\{4,8\}\}$ 是

元素个数等于 $U\_given=2$ 的碰集簇，由于初始 $MHS=\phi$，因此调用算法 DEL _ CONTAIN，从 pHS_set 中扣除 MHS 的真超集后结果为 $result = pHS\_set = \{\{4,3\},\{4,8\}\} = \phi$，即为元素数目为 2 的全部最小碰集簇，将 $result$ 添加到最小碰集集合簇 MHS 中，从而 $MHS = \{\{4,3\},\{4,8\}\}$。另外算法 MAIN 的第一次 while 循环置标志 $flag2=1$。

(2) 算法 MAIN 第二次 while 循环，$U\_given=3$。

调用算法 BNB - HSSE，其输入参数只需修订 $U\_given=3$，其余同第一次循环；仿照上述类似过程，运行结果：$pHS\_set = \{\{3,2,1\},\{3,2,7\},\{8,7,2\},\{8,7,9\},\{8,9,1\}\}$。

它是元素个数等于 3 的碰集簇，此时 $MHS = \{\{4,3\},\{4,8\}\}$。调用算法 DEL _ CONTAIN，从 pHS_set 中扣除 MHS 的真超集，显然，pHS_set 中不包含 MHS 的真超集，因此 $result = pHS\_set = \{\{3,2,1\},\{3,2,7\},\{8,7,2\},\{8,7,9\},\{8,9,1\}\} \neq \phi$，即为元素数目为 3 的全部最小碰集簇。将 $result$ 添加到最小碰集集合簇 MHS 中，从而 $MHS = \{\{4,3\},\{4,8\},\{3,2,1\},\{3,2,7\},\{8,7,2\},\{8,7,9\},\{8,9,1\}\}$。

另外算法 MAIN 的标志 $flag2=1$ 不变。

(3) 算法 MAIN 第三次 while 循环，$U\_given=4$。

调用算法 BNB - HSSE，其输入参数只需修订 $U\_given=4$，其余同第一次循环；仿照上述类似过程，运行结果：$pHS\_set = \{\{8,3,2,1\},\{3,9,5,7\},\{8,1,6,2\},\{3,1,9,5\},\{8,1,2,5\}\}$。

它是元素个数等于 4 的碰集簇，此时 $MHS = \{\{4,3\},\{4,8\},\{3,2,1\},\{3,2,7\},\{8,7,2\},\{8,7,9\},\{8,9,1\}\}$。调用算法 DEL _ CONTAIN，从 pHS_set 中扣除 MHS 的真超集，显然，pHS_set 中包含 MHS 的中三元素最小碰集 {3, 2, 1} 的真超集，需要去除，因此 $result = \{\{3,9,5,7\},\{8,1,6,2\},\{3,1,9,5\},\{8,1,2,5\}\} \neq \phi$，即为元素数目为 3 的全部最小碰集簇。将 $result$ 添加到最小碰集集合簇 MHS 中，从而 $MHS = \{\{4,3\},\{4,8\},\{3,2,1\},\{3,

2,7},{8,7,2},{8,7,9},{8,9,1},{3,9,5,7},{8,1,6,2},{3,1,9,5},{8,1,2,5}}。

另外算法 MAIN 的标志 $flag2=1$ 不变。

(4) 算法 MAIN 第四次 while 循环，$U\_given=5$。

调用算法 BNB - HSSE，其输入参数只需修订 $U\_given=5$，其余同第一次循环；仿照上述类似过程，运行结果：$pHS\_set=\phi$。调用算法 DEL _ CONTAIN 后 $result=\phi$，满足算法 MAIN 的循环结束条件，跳出循环，输出最小碰集集合簇 MHS：MHS = {{4,3},{4,8},{3,2,1},{3,2,7},{8,7,2},{8,7,9},{8,9,1},{3,9,5,7},{8,1,6,2},{3,1,9,5},{8,1,2,5}}。

按照 HSSE 方法求得的结果与上述结果相同，从而验证了本章算法的有效性。

5.5.2　统计分析

为了进行算法效率的验证比较，首先假设集合簇 $C=\{S_i\}$ $(i=1, 2, \cdots, N)$ 的集合数目 N 与元素总数 M 相等，并随机生成 $M=N=5, 6, 7, \cdots, 30$ 的集合簇，然后，采用 MATLAB7.0 编程，来比较 HSSE 和本章阐述的 BNB - HSSE 的计算效率，结果如表 5-1 和图 5-5 所示。

表 5-1　HSSE 与 BNB _ HSSE 方法的运行时间表

$M=N$	算法 HSSE	算法 BNB _ HSSE	MHS 个数
5	0	0.4375	4
6	0.0313	0.03125	1
7	0.0469	0.40625	7
8	0.2031	0.64063	12
9	0.25	0.96875	11
10	0.3594	0.8125	10
11	1.7813	3.4531	36
12	8.14	8.6406	64

续表

$M=N$	算法 HSSE	算法 BNB_HSSE	*MHS* 个数
14	16.266	11.297	101
15	57.03	23.5	140
16	264.9	44.516	213
17	273.07*	77.844	299
18	894.59*	444.7	542
19	905.31*	180.2	437
20	1107.9*	464.7	684
21	4408.5*	828.3	871
22	7214.8*	1921.3	1154
23	8714.7*	2486.6	1481
24	15517*	5360.8	2012
25	44328*	14223	3540
26	79432*	15919	3813
27	136140*	38932	5644
28	138670*	35464	5083
29	210220*	53462	5886

* 表示仿真时仅仅枚举到 6 个元素集合。

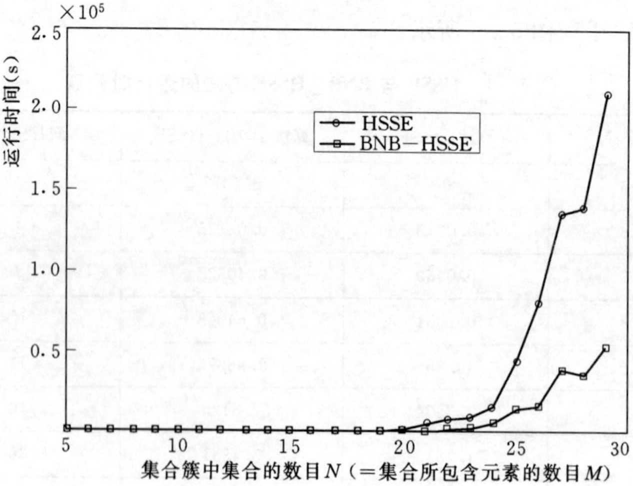

图 5-5 HSSE 和 BNB-HSSE 运行时间比较

由 BNB－HSSE 方法计算结果可知，这里列举的集合簇的全体最小碰集簇中集合包含的元素个数最多为 6 个，所以表中 HSSE 列数据加 * 表示仿真时仅仅枚举到 6 个元素集合，显然实际的枚举过程要更耗时。由表 5－1 可以看出，本章阐述的 BNB－HSSE 方法来求全体最小碰集与 HSSE 方法求得的结果相同。而在计算效率上，尽管当 $M=N$ 较小时，BNB－HSSE 方法的效率不如 HSSE，然而，两者效率在 $M=N=14$ 处发生转折，即当 $M=N$ 较大时，BNB－HSSE 明显具有计算效率上的优势，而且 $M=N$ 越大，计算效率优势越明显。如果选用效率较高的 C 语言，则可进行更大规模系统的验证。但图 5－5 的趋势曲线已经显示，本章阐述的方法可以应用于大型系统的故障诊断计算。

5.6　本章小结

本章阐明了故障空间的测试性分析的重点内容：虚假故障的确定方法。采用 Deb 提出的思路，将虚假故障求解问题等效成最小碰集的求解问题。在分析和研究现存方法的弊端后，阐述了一种新的计算所有最小碰集的方法，该方法将 BNB 法与 HSSE 法相结合，算法设计思路容易理解，不仅能够求出全体最小碰集，而且在计算较大规模的全体碰集时，效率明显提高，从而为大型复杂系统的基于模型的故障诊断提供了应用基础。

第6章　测试空间内测试点优化选取

6.1　引言

在故障诊断之前，选择适当的测试点非常重要。如果选择的测试点过少，则不能达到一定的故障隔离率；相反，如果选择的测试点过多，势必形成过测试的情况，从而造成测试资源的浪费，增加测试费用。如果过测试是在产品制造阶段进行的，则测试成本的增加会直接导致产品价格的提升，从而丧失市场竞争力。如果过测试是在产品的现场维护阶段进行的，则会导致产品维修费用的上升。因而选择合适的测试点集合对于故障诊断、产品设计维修都非常重要。在故障诊断之前，如果能够获知测试空间哪些测试是冗余的，并对测试点进行优化选取，找到能够满足故障诊断要求的最小测试点集合，则对于有效地实现故障诊断意义很大。测试空间的固有测试性分析重点和难点在于最小测试点集合的优化选取。

在电子系统级，可以进行测试的节点数目众多，而在同一个节点，又可以进行不同的测试，比如，频域测试，时域测试，等等。测试与诊断是相辅相成的。诊断系统的准确性本质上依赖于从被诊断对象被测单元所获取的信息量，如果这些信息不充足，诊断系统不可能完成诊断任务。然而，单纯增加测试的数目并不能保证诊断系统性能更好。因此，完成在进行故障诊断之前，如何有效地从众多的备选测试中选取最优测试集合，对于提高系统全寿命周期的可靠性而言是至关重要的，也是测试性设计中一个重要的环节。

关于测试的优化选取目前已经有一些研究成果。参考文献[143]采用结构化模型来实现测试点选择，其优点是建模简单，但所选测试只能保证结构上的正确性，不能保证其测试诊断性能最优。参考文献[144，145]基于整数编码的故障字典建模，利用信息熵理论，按照一步向前启发式搜索算法来完成测试的选择过程，但其建模方法并不适用于系统级的建模，并且该选择过程往往不能实现全局最优。参考文献[146]提出的最优测试选择是基于穷举法来实现的，这显然对于大型系统是不可行的。参考文献[147]提出的测试性优化设计方法是按照电路网络连接的器件管脚数目越多，提供的测试信息越多的原则来选择测试点，其本质上是基于结构化信息，利用信息熵理论来实现启发性搜索。参考文献[148]则将最优测试器件的选择问题等效成图的色数问题，其本质仍然是利用电路系统的结构化连接信息。分别利用信息熵和测试节点信息量 *ICN* 来启发进行测试点的 inclusive 选取。参考文献[167，168]提出将测试点选取问题等效成图节点扩展问题。参考文献[167]运用图搜索算法 A* 算法来实现图搜索过程，而当代价函数相等时，利用信息熵进行启发。参考文献[168]则提出一种新的节点评价指标，参考文献[144，145，167，168]都因为利用信息论的评价指标而引入偏差，难以保证得到最优解。参考文献[151]提出了一种基于智能算法——GA 的全局化测试点优选方法，然而该方法本质上是单目标优化，再加上 GA 算法的随机搜索本质，难以保证每次都能找到最优解。

本章阐述了测试点的优选方法，分别从局部优化和全局优化的角度，采用基于多属性决策的图搜索算法以及基于多目标优化的 GA 算法（简称 MOGA）来实现测试点集的优选。

6.2　基础理论

由多信号模型建立的 D 矩阵可以看成是由 0－1 整数编码字典，即二进制编码字典。模糊集的概念最初由 Hochwald 和

Bastian提出的。针对某个测试点，可以将取值为0的那些故障以及取值为1的那些故障分别看成属于两个不同的模糊集。

设$F=\{f_0,f_1,\cdots,f_f\}$是待诊断的所有潜在故障的集合（f_0是无故障状态），且$N=\{n_1,n_2,\cdots,n_t\}$是所有可用测试点的集合，其中脚标f代表潜在故障的数目，而脚标t代表可用测试点的数目。为了定义可诊断电路的概念，将测量等价类与字典A建立关联关系如下：

$$\forall f_i \in F(0 \leqslant i \leqslant f) \text{ 并且 } \forall n_j \in N(0 \leqslant j \leqslant t) \tag{6-1}$$

$$\exists \phi(f_i,n_j)=a_{ij}\in A \tag{6-2}$$

式中：a_{ij}为字典中对应i_{th}个故障以及和j_{th}测试点的元素。

定义1：设$A_j=\{a_{0j},a_{1j},a_{2j},\cdots,a_{fj}\}\subset A$是字典$A$中对应同一个测试点$n_j$的子集。如果对于任何元素对$a_{pj}\in A_j$、$a_{qj}\in A_j$、$p\neq q$，且$a_{pj}\neq a_{qj}$，则待测电路对于测试点$n_j$而言是可诊断的。

当然如果使用一个测试点n_j，使得待测电路称为可诊断的，则一定是最优的。通常，会有不同的故障f_p和f_q（$p=q$）具有相同的字典元素$a_{pj}=a_{qj}=i$，其中i为0/1整数编码。此时，称故障f_p和f_q属于与测试点n_j和整数编码i相关联的同一个模糊集S_i^j。这里模糊集S_i^j定义如下。

定义2：$S_i^j=\{f_m\in F \mid a_{mj}=i,0\leqslant m\leqslant f\}$

由定义1和定义2得出的推理为：

推理：当且仅当对于任意对故障$\{f_p\in F,f_q\in F,p\neq q\}$，如果总是存在某个测试点$n_j\in N_j$而且有$a_{pj}\neq a_{qj}$，则对应于字典$A$的待测电路是可诊断的。

从模拟故障诊断的角度出发，测试点选择就是要用最少数目的测试点来隔离故障。从整数编码字典的角度而言，测试点的选择就是要用最少数目的列来区分行。因此，故障字典将测试点选择问题转换成选择列来隔离行。

6.3　基于多属性决策的图搜索算法

6.3.1　现存的基于信息论评价测试点的指标

目前，基于信息论构建测试点评价指标主要包含两类。

1. 信息熵

为了有效地获取故障诊断期望达到的水平，另外的一条解决途径就是搜索测试点的局部最优解。基于信息熵进行的测试点优选算法由参考文献[145]提出。其主导思想是根据每个模糊集的基数来评价每个故障被隔离的可能性。假设对于某个测试点 n_j 有 k 个不互相重叠的模糊集，并且 F_i^j 是与测试点 n_j 和整数编码 i 相关联的模糊集 S_i^j 中故障的数目，故障被从模糊组 S_i^j 隔离开的概率大致为 F_i^j/f，其中 f 是字典中所列出的所有故障数目。假设测试点是相互独立的，并且每个故障发生的可能性是均等的，则对于某个特定的测试点 n_j 而言，信息含量 $I(j)$ 为：

$$\begin{aligned}I(j)&=-\left(\frac{F_{1j}}{f}\log_{10}\frac{F_{1j}}{f}+\frac{F_{2j}}{f}\log_{10}\frac{F_{2j}}{f}+\cdots+\frac{F_{kj}}{f}\log_{10}\frac{F_{kj}}{f}\right)\\&=\frac{\log_{10}f}{f}\sum_{i=1}^{k}F_{ij}-\frac{1}{f}\sum_{i=1}^{k}F_{ij}\log_{10}F_{ij}\\&=\log_{10}f-\frac{1}{f}\sum_{i=1}^{k}F_{ij}\log_{10}F_{ij}\end{aligned}\tag{6-3}$$

设

$$E(j)=\sum_{i=1}^{k}F_{ij}\log_{10}F_{ij}\tag{6-4}$$

其中，$E(j)$ 为信息熵。

$I(j)$ 的物理意义是：从测试点 n_j 所包含的非精确信息中所捕获的信息。

因为在给定字典中，所有故障的数目 f 是固定的。在式（6-3）中，某个特定测试点 n_j 的信息含量 $I(j)$ 会随着熵 $E(j)$ 的最小化而最大化。如果具有最小值 $E(j)$ 测试点 n_j 被添加到期望测试点集 N_{opt} 中，则将保证了 N_{opt} 中信息的最大增长幅度。因此包含（inclusive）

策略保证在测试点选择的每个阶段都能获取最大的故障诊断。

2. 测点所含信息量

参考文献[144]中定义的测点所含信息量 ICN，其本质上是测试点 n_j 所能隔离的故障数 q_j。在进行测试点选择过程中，取 $\max_j(q_j)$，即 ICN 越大说明该测点越好。

参考文献[168]中定义了新的节点评价指标：假设 N_T 个候选测试点，如果故障 f_i 能够被 k_i（$0\leqslant k_i\leqslant N_T$）个测试点所隔离，则故障 f_i 被隔离的概率接近 k_i/N_T。显然 k_i/N_T 的值越大，则越多的测点可以隔离故障 f_i，从而也就意味着隔离故障 f_i 越容易。故障 f_i 的隔离难度可以用信息论中的熵的概念去评价，该故障所包含的信息量定义如下：

$$I(f_i)=-\ln\left(\frac{k_i}{N_T}\right) \tag{6-5}$$

如果某个测试点 n_j 可以隔离的故障集合为 $y=\{f_1, f_2, \cdots, f_q\}$，并且每个故障的发生概率都相等，则故障集 y 所包含的信息量可以用式（6-6）表示。

$$\begin{aligned} I(y) &= I(f_1)+I(f_2)+\cdots+I(f_q) \\ &= -\left(\ln\frac{k_1}{N_T}+\ln\frac{k_2}{N_T}+\cdots+\ln\frac{k_q}{N_T}\right) \\ &= q\ln N_T-\sum_{i=1}^{q}\ln k_i \end{aligned} \tag{6-6}$$

如果某个测试点 n_j 具有越大的 $I(y)$ 的值，则这个测试点相对其他测点具有更高的故障区分能力，意味着该测点能够诊断更多的故障，因此，测试点 n_j 所包含的其余故障更容易被隔离。$I(y)$ 也被表示成 $I(n_j)$。该指标本质上是 ICN 指标的一个变形。

6.3.2 基于图搜索的测试点选取

1. 搜索图

参考文献[167，168]把测点选择过程归结成图节点的扩展过程，如图 6-1 所示。图中，圆圈代表图节点，其中包括：模糊集列表和模糊集中的故障列表。这些故障都是尚未被隔离出的故障。方框中的 n_i 表示扩展节点用到的测试点；图 G 是一个有根节点的有向图；根节点 S 代表待解决的问题（所有故障属于同一个模糊集）。当且仅当其后继节点之一被解出时，节点 x 被解出。如果出现某个节点 y，其中已经没有未隔离故障，则表明初始问题的解已经得到。从节点 y 到根节点 S 的路径上用到的测点构成了最小测点集，即最优解。

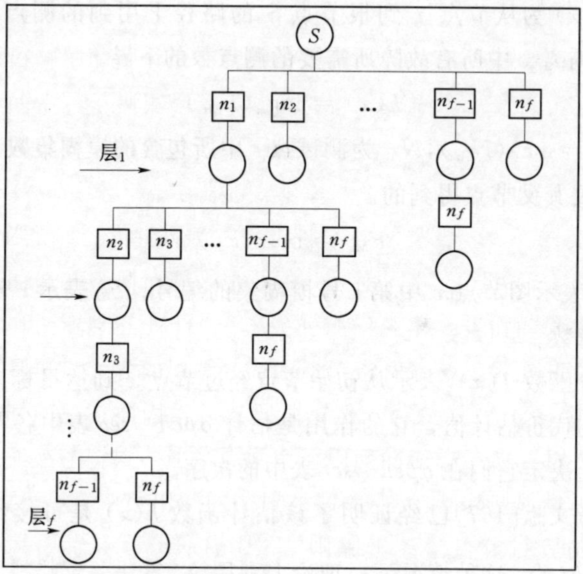

图 6-1　用于测点选择的搜索图

图节点的扩展过程仍然遵循参考文献[167]中的规则 1 和规则 2。规则 1 规定只有序号大于从其父节点扩展到当前节点时所用到的测点号的那些测点才可以做可用测点，确保在图节点扩展过程中避免冗余节点的产生，从而提高搜索效率。规则 2 规定当扩展某个图节点的可用测点小于需要测点数目的下界时，故障一定不能被完全隔离，由此路径不能得到最优解。规则 2 进一步减少了图节点的扩展节点。

2. A* 搜索算法

A* 算法是一种智能搜索算法，理论上能保证全局最优解的收敛性。其基本思想是通过设定合适的启发函数，全面评估各扩展搜索节点的代价值，通过比较各扩展节点代价值的大小，选择最有希望的点加以扩展，直到找到目标节点为止。

参考文献[167]定义节点 x 处的启发评估函数：

$$f(x) = g(x) + h(x) \tag{6-7}$$

式中：$g(x)$ 为从节点 x 到根节点 S 的路径上用到的测点的数目；$h(x)$ 为隔离 x 中所有故障所需要的测点数的下界。

$$h(x) = \log_m(F_{Mx}) \tag{6-8}$$

式中：$m = \max(N_{Aj})$，N_{Aj} 为测试点 j 中所包含的模糊集数目；x 是用 n_i 扩展其父节点得到的。

$$F_{Mx} = \max_i(F_{ix})$$

式中：i 表示图节点 x 中第 i 号模糊集的编号；F_{ix} 表示 i 号模糊集中的故障数。

代价函数 $f(x)$ 表示从初始节点经过节点 x 到达目标节点的最优路径的代价估计值，它的作用是估计 *open _ set* 表中各节点的重要程度，决定它们在 *open _ set* 表中的次序。

参考文献[167]已经证明了该估计函数 $h(x)$ 是可接纳的。即 $h(x) \leqslant \overset{*}{h}(x)$，这种情况下，理论上利用 A* 算法一定能找到一条最优路径，即一定能找到最小测点集。最小测点集由从根节点到目标节点上的测点构成。

但是，当 $f(x)$ 相等时，A* 算法则陷入了死节点。此时，可引入多属性决策来评价 *open _ set* 中的各个节点，以决定需进一步扩展的节点。

6.3.3 多属性决策

在 $f(x)$ 相等的若干节点中，选择待扩展节点之前，需要对这若干节点进行综合评判。评判某个节点好坏常常需要考虑节点的下面三方面属性：①信息熵，其值越小的节点则说明该节点模糊组数目分布越均匀，故障被隔离的概率越大；②未隔离故障数目，其值越小的节点相对越容易隔离；③可扩展测点数目，其值越少的节点会导致相对较少的扩展节点。由上分析，这三个属性均属于成本型属性，即其值越小越好。

(1) 信息熵（属性 u_1）。信息熵用于评估图节点处故障被隔离的概率。假设总共故障数目为 N_F，图节点 x 中有 N_{Ax} 个模糊组，F_{ix} 表示节点 x 中第 i 号模糊集 S_i^x 中的故障数目。一个故障能从 S_i^x 中被隔离出来的概率可表示为：

$$\frac{F_{ix}}{N_F} \tag{6-9}$$

假设测点之间相互独立且故障发生概率相同，则节点 x 的信息量 $I(x)$ 可表示为：

$$\begin{aligned} I(x) &= -\left[\frac{F_{0x}}{N_F}\ln\frac{F_{0x}}{N_F} + \frac{F_{1x}}{N_F}\ln\frac{F_{1x}}{N_F} + \frac{F_{N_{Ax}x}}{N_F}\ln\frac{F_{N_{Ax}x}}{N_F}\right] \\ &= \frac{\ln N_F}{N_F}\sum_{i=0}^{N_{Ax}} F_{ix} - \frac{1}{N_F}\sum_{i=0}^{N_{Ax}} F_{ix}\ln F_{ix} \\ &= \ln N_F - \frac{1}{N_F}\sum_{i=0}^{N_{Ax}} F_{ix}\ln F_{ix} \end{aligned} \tag{6-10}$$

信息熵 $E(x)$ 定义为：

$$E(x) = \sum_{i=0}^{N_{Ax}} F_{ix}\ln F_{ix} \tag{6-11}$$

因为一个故障字典中的故障总数 N_F 是个常数，节点 x 所含的信息量 $I(x)$ 在信息熵 $E(x)$ 取得最小时取得最大值。即信息熵值越小，节点 x 中的故障越容易被隔离。

(2) 未隔离故障数目（属性 u_2）。节点 x 未隔离故障数目 F_x，定义成：

$$F_x = \sum_{i=0}^{N_{Ax}} F_{ix} \tag{6-12}$$

该属性越大，则代表某个测试点能够实际隔离的故障数目少，因此，该属性越小越好。

(3) 可扩展测点数目（属性 u_3）。节点的可扩展测点数目 N_K，定义为：

$$N_K = cardinality(S_C) \tag{6-13}$$

式中：$S_C = \{i < j < N_T\}$ 是由参考文献[167]中的规则 1 得到的。

该属性越小越好，属于成本型属性。

以上三个属性可以实现对于某节点的较为完整的描述。而如何从三个属性出发，评判节点的好坏，则属于多属性决策问题。

由上述三个属性构成决策矩阵 D：

$$D = \begin{bmatrix} d_{11} & d_{12} & d_{13} \\ d_{21} & d_{22} & d_{23} \\ \vdots & \vdots & \vdots \\ d_{N1} & d_{N2} & d_{N3} \end{bmatrix}$$

其中 D 的各列分别对应 u_1、u_2、u_3 属性值，而 D 的行则表示 N 个不同的节点，即对应不同方案。为了消除不同物理量纲对决策结果的影响，需要对决策矩阵 D 进行规范化处理，从而得到决策矩阵 R。

规范化决策矩阵 D 时，由于 u_1、u_2、u_3 属性均属于成本型属性，因此

$$r_{ij} = \frac{\min\limits_{i}(d_{ij})}{d_{ij}} \quad i \in \{1,2,\cdots,N\}, j \in \{1,2,3\} \tag{6-14}$$

多属性决策，一般是对这些方案综合属性值的排序比较。若所有方案在属性 u_j 下的属性值差异越小，则说明该属性对方案决策与排序所起的作用越小；反之，如果属性 u_j 能使所有方案的属性值有较大差异，则说明其对方案决策与排序将起重要作用，因此，从对方案进行排序的角度考虑，方案属性值偏差越大的属性（无论

其本身的重要性程度如何）应该赋予越大的权重。特别地，若所有方案在属性 u_j 下的属性值无差异，则属性 u_j 对方案排序将不起作用，可令其权重为 0。对于属性 u_j，用 $V_{ij}(\omega)$ 表示方案 x_i 与其他所有方案之间的离差，则可定义

$$V_{ij}(\boldsymbol{\omega}) = \sum_{k=1}^{N} \mid r_{ij}\omega_j - r_{kj}\omega_j \mid \quad i \in \{1,2,\cdots,N\}, j \in \{1,2,3\} \tag{6-15}$$

令 $$V_j(\boldsymbol{\omega}) = \sum_{i=1}^{N} V_{ij}(\omega) = \sum_{i=1}^{N}\sum_{k=1}^{N} \mid r_{ij} - r_{kj} \mid \omega_j \quad j \in \{1,2,3\}$$

则 $V_j(\omega)$ 表示对属性 u_j 而言，所有方案与其他方案的总离差。根据上述分析，加权向量 $\boldsymbol{\omega}$ 的选择应使所有属性对所有方案的总离差最大。为此，构造目标函数

$$\max V(\boldsymbol{\omega}) = \sum_{j=1}^{3} V_j(\boldsymbol{\omega}) = \sum_{j=1}^{3}\sum_{i=1}^{N}\sum_{k=1}^{N} \mid r_{ij} - r_{kj} \mid \omega_j \tag{6-16}$$

于是，求解权重向量 $\boldsymbol{\omega}$ 等价于求解如下最优化模型。

$$\begin{cases} \max V(\boldsymbol{\omega}) = \sum_{j=1}^{3}\sum_{i=1}^{N}\sum_{k=1}^{N} \mid r_{ij} - r_{kj} \mid \omega_j \\ s.t. \quad \omega_j \geqslant 0, j \in M, \sum_{j=1}^{3} \omega_j^2 = 1 \end{cases} \tag{6-17}$$

解此最优化模型，作拉格朗日函数。

$$L(\boldsymbol{\omega},\xi) = \sum_{j=1}^{3}\sum_{i=1}^{N}\sum_{k=1}^{N} \mid r_{ij} - r_{kj} \mid \omega_j + \frac{1}{2}\xi\left(\sum_{j=1}^{3}\omega_j^2 - 1\right) \tag{6-18}$$

求其偏导数，并令

$$\begin{cases} \dfrac{\partial L}{\partial \omega_j} = \sum_{i=1}^{N}\sum_{k=1}^{N} \mid r_{ij} - r_{kj} \mid + \xi\omega_j = 0, j \in \{1,2,3\} \\ \dfrac{\partial L}{\partial \xi} = \sum_{j=1}^{3}\omega_j^2 - 1 = 0 \end{cases} \tag{6-19}$$

求得最优解

$$\omega_j^* = \frac{\sum_{i=1}^{N}\sum_{k=1}^{N} | r_{ij} - r_{kj} |}{\sqrt{\sum_{j=1}^{3}[\sum_{i=1}^{N}\sum_{k=1}^{N} | r_{ij} - r_{kj} |]^2}}, j \in \{1,2,3\} \tag{6-20}$$

对 ω_j^* 进行归一化处理，即令

$$\omega_j = \frac{\omega_j^*}{\sum_{j=1}^{3}\omega_j^*} \tag{6-21}$$

$$\omega_j = \frac{\sum_{i=1}^{N}\sum_{k=1}^{N} | r_{ij} - r_{kj} |}{\sum_{j=1}^{3}\sum_{i=1}^{N}\sum_{k=1}^{N} | r_{ij} - r_{kj} |}, j \in \{1,2,3\} \tag{6-22}$$

各测点的综合属性值定义为：

$$z_i(\boldsymbol{\omega}) = \sum_{j=1}^{m} r_{ij}\omega_j \tag{6-23}$$

多属性决策就是对这些测点的综合属性值排序比较，其值最大的测点为最好的。

综上所述，离差最大化算法的具体步骤可归纳如下：

(1) 对于某一多属性决策问题，构造决策矩阵 $D = (d_{ij})_{N\times3}$，并利用适当的方法把它规范化为 $R = (r_{ij})_{N\times3}$。

(2) 计算最优权重向量 ω^*。

(3) 计算方案 x_i 的综合属性值 $z_i(\boldsymbol{\omega})(i \in \{1,2,\cdots,N\})$。

(4) 利用 $z_i(\boldsymbol{\omega})(i \in \{1,2,\cdots,N\})$ 对方案进行排序和择优，z 值大的先选为下一步扩展节点。

6.3.4 算法描述

输入：故障字典 A。

输出：最短路径 *shortest _ path*。

Step1：初始化图 G 的根节点 S 并把它加入到一个名为 *open _ set* 的表中。该表用于存放当前搜索图中待扩展的节点列表。初始

化方法为：所有故障都包含于 S 中且属于同一个模糊集。

Step2：重复以下步骤直到出现节点 x，使得 $N_{Ax}=0$（假定所有故障都能被隔离出来）。跟踪从 x 到 S 的指针，就得到最优路径，这条路径上所使用的测点构成了最小测点集。指针在 Step5 中进行设置。

Step3：将 *open _ set* 中已经没有可用扩展测点而节点本身还有未隔离故障的那些节点以及可用扩展测点数目少于所需测点数目下界的那些节点删除。

Step4：从 *open _ set* 表中取出具有最小 $f(x)$ 值的节点 x。如果多个节点同时具有最小 f（x），则按照多属性评判结果选择最优节点。如果此节点 $N_{Ax}=0$，则跳到 Step2。否则执行 Step5。

Step5：分别用备选测点集 $S_C=\{n_j \mid i<j\leqslant N_T\}$ 中的每个测点去扩展节点 x（假定 x 是由 n_i 扩展其父节点得到的）并设置到 x 的指针。把这些新扩展出来的节点加入 *open _ set* 表和图 G 中。计算这些新节点的 f（x）值及三个属性值。

6.3.5　验证分析

1. 算例分析

以如图 6-2 所示的带通滤波器为例，其整数编码的故障字典如表 6-1 所示。可得：故障总数 $N_F=19$；测点总数 $N_T=11$；每个测点的模糊组数目分别为 $N_{A1}=4$、$N_{A2}=4$、$N_{A3}=4$、$N_{A4}=5$、$N_{A6}=6$、$N_{A7}=8$、$N_{A8}=9$、$N_{A9}=6$、$N_{A10}=3$、$N_{A11}=9$；由根节点扩展得到的节点加入到 *open _ set* 表和扩展图 6-3 中。其中节点 x_{10} 和 x_{11} 是被删除的节点。节点 x_{10} 被舍弃的原因是满足规则 2[167]。该节点的可用扩展测点 $S_C=\{11\}$，点数为 1，而根据式（6-8）估算的所需测点数目的下界为：$h(x)=\lceil\log_m(F_{MX})\rceil=\lceil\log_9(17)\rceil=2$。节点 x_{11} 被舍弃的原因是一方面该节点还有故障未被隔离，另一方面已经没有测点可用于扩展此节点。

图 6-3 中节点编号括号中显示的是该节点处的 f（x）值。可见，节点 x_6、x_7、x_8 具有相同的最小 f（x）值，对于这三个节点需

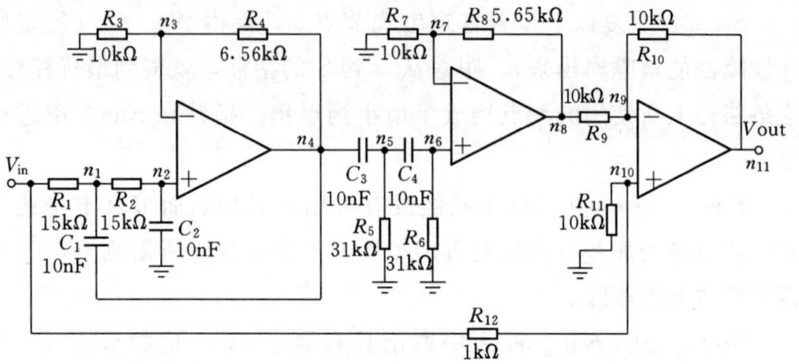

图 6-2 带通滤波器

要进行多属性评价。根据属性的定义这三个节点处的三个属性值如表 6-2 所示。经过计算，三个属性的最优权重向量为 $\boldsymbol{\omega}^*=[0.1835, 0.2660, 0.5505]$，各节点的综合属性值为 $z(\boldsymbol{\omega})=[0.7039, 0.8179, 1]$。由此可见，节点 x_8 的综合属性值最大，即作为被扩展节点进行下一级扩展，扩展得到的新节点加入到 *open _ set* 表和扩展图中，计算各节点的 $f(x)$ 值及三个属性值，重复上述过程，直到出现节点 x，使得 $N_{Ax}=0$（假定所有故障都能被隔离出来）。跟踪从 x 到 S 的指针，就得到最优测点集。本例得到的最优测点集为 {1, 5, 9, 11}，与采用穷举方法得到的最优解相同。

表 6-1 带通滤波器的整数编码故障字典

故 障	n_1	n_2	n_3	n_4	n_5	n_6	n_7	n_8	n_9	n_{10}	n_{11}
f_0 (NOM)	3	2	2	3	3	3	4	4	1	1	1
f_1 (R_1 open)	0	0	0	0	0	0	0	0	1	1	7
f_2 (R_1 short)	3	2	2	3	4	3	4	4	1	1	0
f_3 (R_2 open)	1	0	0	0	0	0	0	0	1	1	7
f_4 (R_2 short)	2	3	3	4	6	5	6	6	1	1	2
f_5 (R_3 open)	1	1	1	1	1	1	1	1	1	1	5

续表

故　障	n_1	n_2	n_3	n_4	n_5	n_6	n_7	n_8	n_9	n_{10}	n_{11}
f_6（R_4 open）	0	0	0	2	3	2	3	3	1	1	8
f_7（R_5 open）	3	2	2	3	5	4	5	5	1	1	4
f_8（R_5 short）	3	2	2	3	0	0	0	0	1	1	7
f_9（R_6 open）	3	2	2	3	6	6	7	7	1	1	6
f_{10}（R_6 short）	3	2	2	3	2	0	0	0	1	1	7
f_{11}（R_7 open）	3	2	2	3	3	3	4	2	1	1	4
f_{12}（R_7 short）	3	2	2	3	3	2	0	8	5	1	8
f_{13}（R_8 open）	3	2	2	3	3	2	2	8	4	1	8
f_{14}（R_9 open）	3	2	2	3	3	3	4	4	1	1	0
f_{15}（R_9 short）	3	2	2	3	3	3	4	4	2	1	8
f_{16}（R_{10} open）	3	2	2	3	3	3	4	4	3	1	8
f_{17}（R_{11} open）	3	2	2	3	3	3	4	4	2	2	3
f_{18}（R_{12} open）	3	2	2	3	3	3	4	4	0	0	1

表 6-2　节点 x_6、x_7、x_8 处的三个属性值

节　点	x_6	x_7	x_8
未隔离故障数目	15	13	13
信息熵	25.4765	24.6827	20.5528
可扩展测点数目	5	4	3

2. 统计分析

用计算机随机产生了 200 个整数编码故障字典，每个字典包含 100 个故障，30 个测点，且每个测点具有 5 个模糊组，分别用穷举算法和本章的方法查找这 200 个故障字典的最小测点集。算法用 Matlab7.0 编程实现。

实验表明，本章算法和穷举算法均能准确地找到最小测点集，由表 6-3 可见，两种算法的搜索结果完全相同。可见本章算法的准确率可以和穷举算法媲美，为 100%。而现有的算法则都是以牺

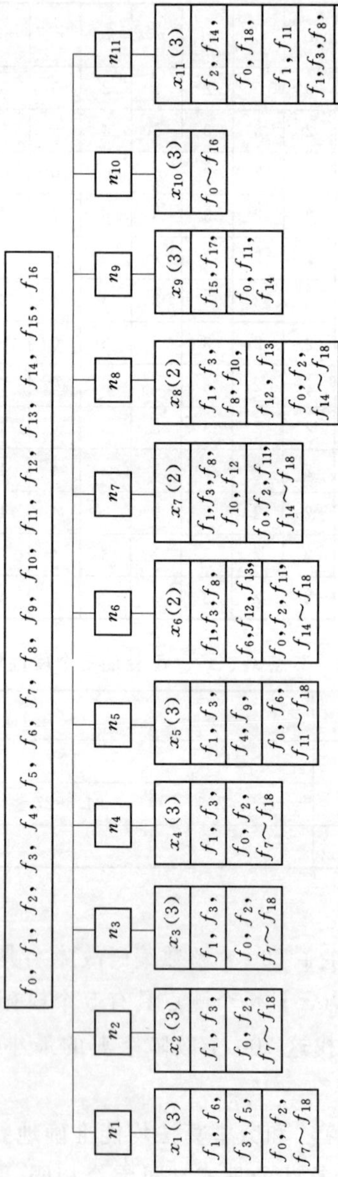
$f_0, f_1, f_2, f_3, f_4, f_5, f_6, f_7, f_8, f_9, f_{10}, f_{11}, f_{12}, f_{13}, f_{14}, f_{15}, f_{16}$
n_1
$x_1(3)$
$f_1, f_6,$
$f_3, f_5,$
$f_0, f_2, f_7 \sim f_{18}$
n_2
$x_2(3)$
$f_1, f_3,$
$f_0, f_2, f_7 \sim f_{18}$
n_3
$x_3(3)$
$f_1, f_3,$
$f_0, f_2, f_7 \sim f_{18}$
n_4
$x_4(3)$
$f_1, f_3,$
$f_0, f_2, f_7 \sim f_{18}$
n_5
$x_5(3)$
$f_1, f_3,$
$f_4, f_9,$
$f_0, f_6, f_{11} \sim f_{18}$
n_6
$x_6(2)$
$f_1, f_3, f_8,$
$f_6, f_{12}, f_{13},$
$f_0, f_2, f_{11}, f_{14} \sim f_{18}$
n_7
$x_7(2)$
$f_1, f_3, f_8, f_{10}, f_{12}$
$f_0, f_2, f_{11}, f_{14} \sim f_{18}$
n_8
$x_8(2)$
$f_1, f_3, f_8, f_{10},$
f_{12}, f_{13}
$f_0, f_2, f_{14} \sim f_{18}$
n_9
$x_9(3)$
$f_{15}, f_{17},$
f_0, f_{11}, f_{14}
n_{10}
$x_{10}(3)$
$f_0 \sim f_{16}$
n_{11}
$x_{11}(3)$
$f_2, f_{14},$
$f_0, f_{18},$
f_1, f_{11}
$f_1, f_3, f_8,$
$f_6, f_{12}, f_{13}, f_{15}, f_{16}$

图 6-3 部分节点扩展图

性准确性来换取快速性的。由图 6-4 观察两种算法的快速性，图中横轴表示的不同的故障字典，纵轴是运行时间/搜索节点。由图 6-4（a）、（c）可知，对于最小测点集包含 4 个元素的情况，本章算法的搜索节点数小于穷举算法，但就运行时间而言，对于大约 60%的

表 6-3　200 个随机故障字典的搜索结果

最小测点集包含测点数目	4	5
穷举法搜索 200 个故障字典中最小测点集的分配情况	43	157
本章算法搜索 200 个字典中最小测点集的分配情况	43	157

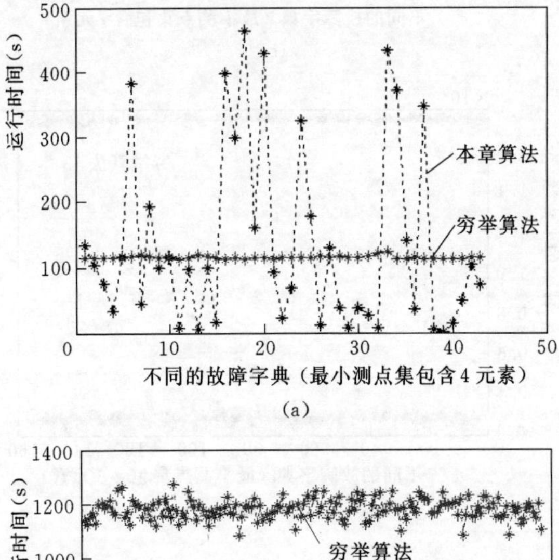

(a)

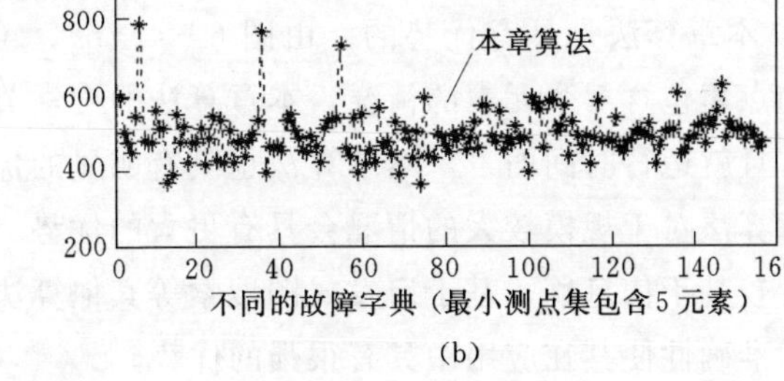

(b)

图 6-4（一）　两种算法运行时间及搜索的节点数目对比

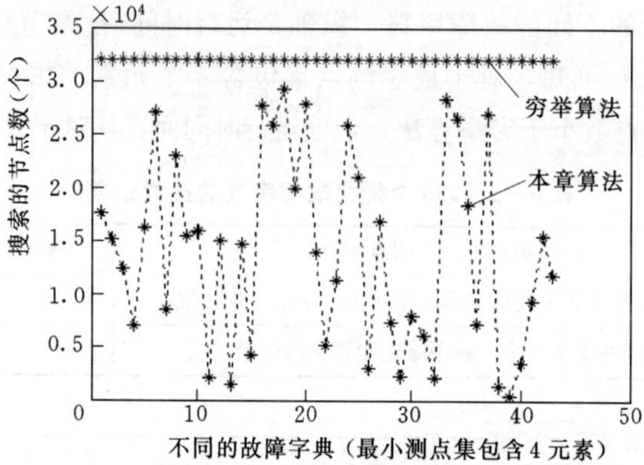

(c)

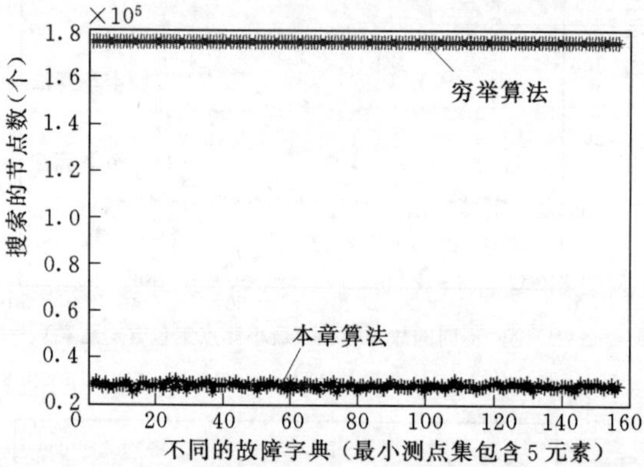

(d)

图 6-4（二）　两种算法运行时间及搜索的节点数目对比

故障字典，本章算法是具有优势的。由图 6-4（b）、（d）可见，对于最小测点集包含 5 个元素的情况，本章算法的搜索节点数远远小于穷举，且就运行时间而言，本章算法也具有明显的优势。可以预见，本章算法对于规模较大的情况会具有更大的优势。尽管本算法运算速度较基于信息熵、基于启发式图搜索等其他算法慢，但是本章算法的准确性使其在应用中具有很强的优势。

6.4　基于 MOGA 的优选测点算法

6.4.1　遗传算法基本理论

1. 遗传算法基本思想

遗传算法简称 GA，是根据生物进化思想而启发得出的一种全局优化算法。最早是由 J D Bagley 在 1967 年提出的；而开始遗传算法的理论和方法的系统性研究的是 1975 年，这一开创性工作是由密歇根大学的 J H Holland 所实行。遗传算法在模式识别、神经网络、图像处理、机器学习、工业优化控制、自适应控制、生物科学、社会科学等方面都得到应用。

遗传算法 GA 把问题的解表示成“染色体”，在算法中用二进制编码的串表示。并且，在执行遗传算法之前，给出一群“染色体”，也即是假设解。然后，把这些假设解置于问题的“环境”中，并按适者生存的原则，从中选择出较适应环境的“染色体”进行复制，再通过交叉、变异过程产生更适应环境的新一代“染色体”群。这样，一代一代地进化，最后就会收敛到最适应环境的一个“染色体”上，它就是问题的最优解。

长度为 L 的 n 个二进制串 b_i（$i=1, 2, \cdots, n$）组成了遗传算法的初解群，也称为初始群体。在每个串中，每个二进制位就是个体染色体的基因。根据进化术语，对群体执行的操作有三种：

（1）选择。这是从群体中选择出较适应环境的个体。这些选中的个体用于繁殖下一代。故有时也称这一操作为再生。由于在选择用于繁殖下一代的个体时，是根据个体对环境的适应度而决定其繁殖量的，故而有时也称为非均匀再生。

（2）交叉。在选中用于繁殖下一代的个体中，对两个不同的个体的相同位置的基因进行交换，从而产生新的个体。

（3）变异。在选中的个体中，对个体中的某些基因执行异向转化。在串 b_i 中，如果某位基因为 1，产生变异时就是把它变成 0；反亦反之。

2. 遗传算法基本步骤

遗传算法的基本步骤可以简要给出如下，其执行过程如图 6-5 所示。

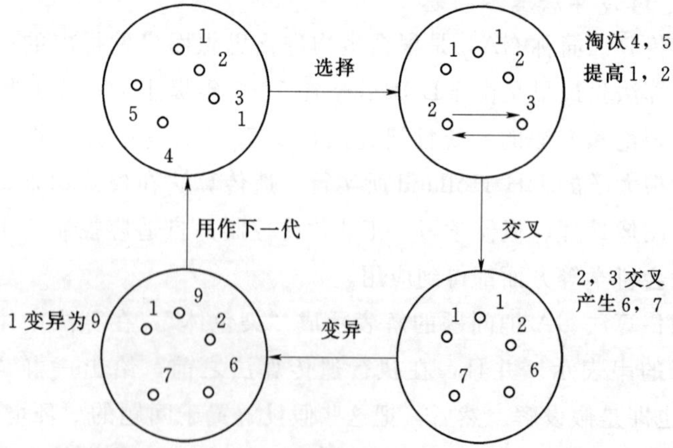

图 6-5　遗传算法的执行过程

Step1：初始化。选择一个群体，即选择一个串或个体的集合 $b_i(i=1,2,\cdots,n)$。这个初始的群体也就是问题假设解的集合。一般取 n=30～160。通常以随机方法产生串或个体的集合 $b_i(i=1,2,\cdots,n)$。问题的最优解将通过这些初始假设解进化而求出。

Step2：选择。根据适者生存原则选择下一代的个体。在选择时，以适应度为选择原则。适应度准则体现了适者生存，不适应者淘汰的自然法则。

给出目标函数 f，则 $f(b_i)$ 称为个体 b_i 的适应度。以式（6-24）为选中 b_i 为下一代个体的次数。

$$P\{\text{选中 } b_i\}=\frac{f(b_i)}{\sum_{j=1}^{n}f(b_j)}n \tag{6-24}$$

由式（6-24）可知：

1）适应度较高的个体，繁殖下一代的数目较多。

2）适应度较小的个体，繁殖下一代的数目较少，甚至被淘汰。

这样，就产生了对环境适应能力较强的后代。对于问题求解角度来讲，就是选择出和最优解较接近的中间解。

Step3：交叉。对于选中用于繁殖下一代的个体，随机地选择两个个体的相同位置，按交叉概率 P，在选中的位置实行交换。这个过程反映了随机信息交换，目的在于产生新的基因组合，也即产生新的个体。交叉时，可实行单点交叉或多点交叉。一般而言，交叉概率 P 取值为 0.25～0.75。

Step4：变异。根据生物遗传中基因变异的原理，以变异概率 P_m 对某些个体的某些位执行变异。在变异时，对执行变异的串的对应位求反，即把 1 变为 0，把 0 变为 1。变异概率 P_m 与生物变异极小的情况一致，所以，P_m 的取值较小，一般取 0.01～0.20。

单靠变异不能在求解中得到好处。但是，它能保证算法过程不会产生无法进化的单一群体。因为在所有的个体一样时，交叉是无法产生新的个体的，这时只能靠变异产生新的个体。也就是说，变异增加了全局优化的特质。

Step5：全局最优收敛。当最优个体的适应度达到给定的阀值，或者最优个体的适应度和群体适应度不再上升时，则算法的迭代过程结束，即算法结束。否则，用经过选择、交叉、变异所得到的新一代群体取代上一代群体，并返回到 Step2 即选择操作处继续循环执行。

3. 遗传算法的特点

（1）遗传算法从问题解的中集开始嫂索，而不是从单个解开始。这是遗传算法与传统优化算法的极大区别。传统优化算法是从单个初始值迭代求最优解的，容易误入局部最优解。遗传算法从串集开始搜索，覆盖面大，利于全局择优。

（2）遗传算法求解时使用特定问题的信息极少，容易形成通用算法程序。由于遗传算法使用适应值这一信息进行搜索，并不需要问题导数等与问题直接相关的信息。遗传算法只需适应值和串编码等通用信息，故几乎可处理任何问题。

(3) 遗传算法有极强的容错能力。遗传算法的初始串集本身就带有大量与最优解甚远的信息。通过选择、交叉、变异操作能迅速排除与最优解相差极大的串。这是一个强烈的滤波过程，并且是一个并行滤波机制。故而，遗传算法有很高的容错能力。

(4) 遗传算法中的选择、交叉和变异都是随机操作，而不是确定的精确规则。这说明遗传算法是采用随机方法进行最优解搜索，选择体现了向最优解迫近，交叉体现了最优解的产生，变异体现了全局最优解的覆盖。

(5) 遗传算法具有隐含的并行性。

遗传算法的基础理论是图式定理。它的有关内容如下：

1) 图式概念。图式是描述种群中染色体相似性的字符串。一个基因串用符号集 {0, 1, *} 表示，则称为一个图式，用 H 表示；其中 * 可以是 0 或 1。例如：H=1* * 0* *是一个图式。

2) 图式的阶和长度。图式中 0 和 1 的个数称为图式的阶，即 H 中非 * 位的个数，用 $O(H)$ 表示。图式中第 1 位数字和最后一位数字间的距离称为图式的长度，即 H 中有定义位置之间的距离，用 $\delta(H)$ 表示。对于图式 H=1* *0* *，有 $O(H)=2$，$\delta(H)=4$；对于 H= *1* * * *0，有 $O(H)=2$，$\delta(H)=5$；对于 H= * * *10 * *，有 $O(H)=2$，$\delta(H)=1$；对于 H= * * * * * * * *，有 $O(H)=0$，$\delta(H)=0$；对于 H=0111000，有 $O(H)=7$，$\delta(H)=6$。

3) Holland 图式定理。低阶、短长度的图式在群体遗传过程中将会按指数规律增加。当群体的大小为 n 时，每代处理的图式数目为 $0(n^3)$。

遗传算法这种处理能力称为隐含并行性。它说明遗传算法其内在具有并行处理的特质。

6.4.2 基于单目标优化的 GA 算法

基于单目标优化的 GA 算法实现测试点的优化选取，是由 Golonek 等人于 2007 年提出的。其主要思想如下：

1. 初始程序

(1) 需要将 CUT 故障状态定义成 S_1，…，S_F，代表非正常状态，而状态 S_0 代表无故障情况，定义 $S=\{S_0, S_1, \cdots, S_F\}$。

(2) 定义所有可获得的测试的集合 M：

$$M=\{M_1, M_2, \cdots, M_K\} \tag{6-25}$$

(3) 开始进行 CUT 仿真。对于每个 CUT 状态（即对于集合 S 中的每个状态），进行一次仿真，得到 M 中各测试的测量值。在仿真之后，为 M 中的每一个测试确立模糊集 AS。同一模糊集中的若干故障，该测试的测量值在相同的取值范围内。在此基础上，给每个测试中的不同模糊集赋予不同的编号，不同测试之间的模糊集编号可以相同，即可得到整数编码故障字典。

对于 GA 系统，需要设定交叉率、变异率以及种群大小。这些 GA 参数必须通过实验来确定。类似于自然选择，GA 的交叉率 P_c 具有较高的值，典型情况下大于 0.7，而同时变异率 P_m 具有较低的取值，典型情况下小于 0.7。代的规模为 L，其值的确定需要折中考虑找到可接受表现型所必需的遗传迭代次数、计算机存储耗费以及搜索时间三方面因素，典型情况下，代的规模 $L\approx 100$。除此以外，在初始化阶段，还需要设定适用度的缩放系数 C 以及最大允许代数 G_{mx}。（其中适用度的缩放系数 C 是在表现型质量因子修改过程中使用，而最大允许代数 G_{mx} 则用于指定进化过程的终止条件）。

2. 进化系统

在完成初始化步骤之后，就可以启动 GA 系统了。在 GA 过程中，最优测试信号（与测试点相关）从集合 M 中选出，并且该最优测试信号集是最小集合，即：

$$M_{\min}=\{M_r, \cdots, M_s\} \tag{6-26}$$

$$\|M_{\min}\| \leqslant \|M\| \text{ and } \quad M_{\min} \subset M \tag{6-27}$$

图 6-6 是进化过程状态图。系统启动后，随机创建初始种群 P_0 的基因型，代数 g 等于 0。为了评价种群中的表现型质量，计算

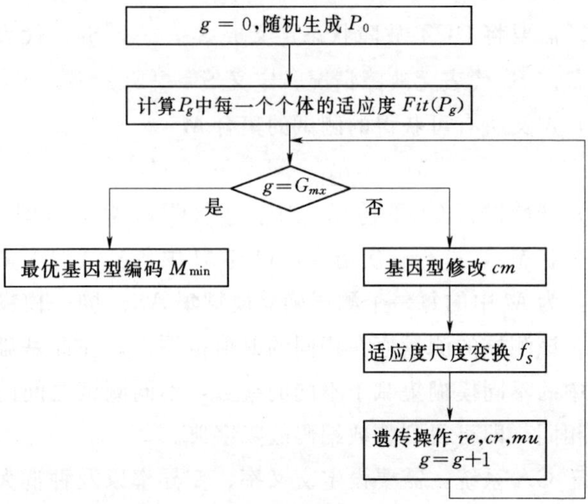

图 6-6　进化过程的状态图

每个基因型（$m=1$，2，…，L）的适应度函数 Fit_m。然后，检查 GA 终止条件。（当达到最大代数 G_{mx} 时，进化过程终止）如果终止条件没有满足，则进化过程继续。为了提高算法的收敛性，在 GA 的每次循环中都进行表现型编码修订 cm。除此以外，为了确保在创建交配组期间具有足够的选择压力，在进行遗传操作之前进行指数性适应度值缩放。经过复制 re，交叉 cr，变异 mu 之后产生的新一子代 P_{g+1} 代替了原来的子代。上述的进化持续到终止条件满足为止。最后，所找到的最好基因型则代表了最优的测试点集合 $M_{\min}$。

当找到了最优的测试点集合 $M_{\min}$ 后，可以很容易地由此确定最小测试节点集合 $N_{\min}$。测试节点，即那些完成 $M_{\min}$ 中测试所需要的节点，由 $N_{\min}$ 给出：

$$N_{\min} = \{N_t, \cdots, N_n\} \tag{6-28}$$

$$\| N_{\min} \| \leqslant \| M_{\min} \| \tag{6-29}$$

3. 表现型编码

待考虑优化问题可以归结成离散空间的搜索问题。这里使用具有表现型二进制编码的 GA 方法，使用简化的单倍体（具有一组染色体）基因型结构，如图 6－7 所示。

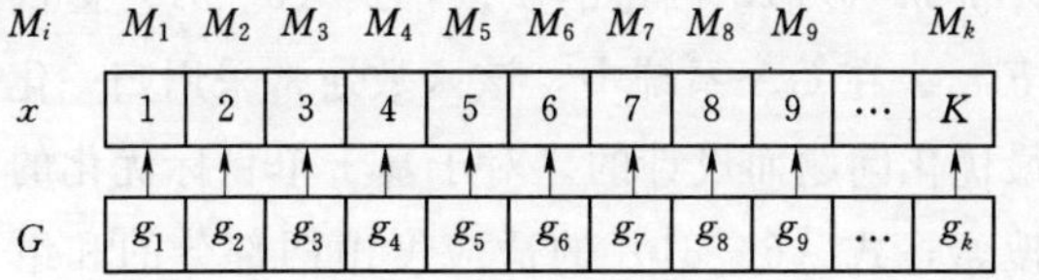

图 6－7 基因型结构

二进制串 G（基因型）的每个基因（位）对应于向量 $\boldsymbol{x}$ 的单个元素，从而标识了测量 M_x 在 M 集合中的序号。对于推荐的表现型编码，如果第 x 个基因具有取值为 1，则表示选中第 x 个测试信号（在测试节点处所观察到的），相反，则表示未选中。

$$g_j=\begin{cases}1\Rightarrow M_x & \text{accepted}\\ 0\Rightarrow M_x & \text{rejected}\end{cases} \tag{6-30}$$

向量 $\boldsymbol{x}$ 为种群 P_g 中的每一个个体定义了表现型编码密钥。在表现型代码修改 cm 过程中指定了向量 $\boldsymbol{x}$ 中各个元素的顺序，如图 6－8 所示。

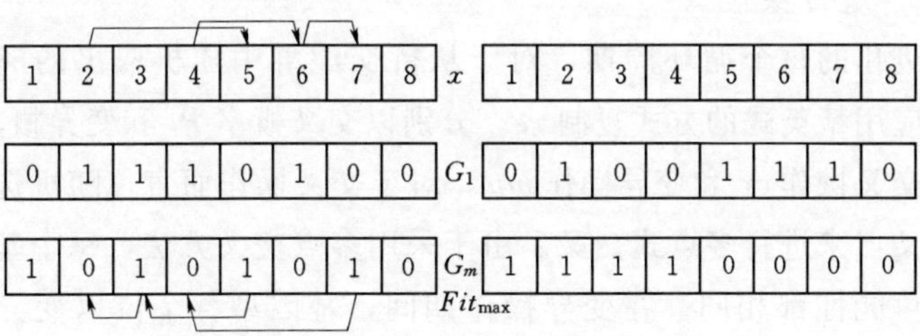

(a)修订前 (b)修订后

图 6－8 基因型编码修订 cm

为了充分满足图式增长公式，基因型编码应该确保较短的低阶图式。为了最小化期望的图式的长度，所有取值为 1 的基因被记忆下来以用于最优基因型，在所有剩余基因型中，基因按照最优基因型所暗示的方式进行交换。除此以外，为了保存初始假设的基因与测量的关联关系，需要重新排列向量 $\boldsymbol{x}$ 的序号。

4. 适应度函数

为了评价 m^{th} 显形基因型的质量，式（6－31）提供了独特的适应度函数 Fit_m。在GA系统中，该函数通常采用归一化值，并且其本身是按最优化问题而设计的。对于基于单目标优化的GA实现最优测试点搜索，式（6－31）的适应度由两部分的和组成：一部分为 $S_m/(F+1+K)$，来评价CUT故障隔离率；另一部分为 $R_m/(F+1+K)$，用来评价测试点减少的比率。

$$Fit_m=\frac{S_m+R_m}{F+1+K} \tag{6-31}$$

式中：S_m 为被从初始集合 S 隔离开的CUT状态数目；R_m 为相对于初始集合 M 减少的测量数目；$F+1$ 为所有考虑的CUT状态数目 $\|S\|$；K 是所有可获得的测试测量数目 $\|M\|$。

在指数化适应度尺度变换 fs 过程中，Fit_m^S 的正确取值根据式（6－32）算得。

$$Fit_m^S=(Fit_m)^C \tag{6-32}$$

式中：C 为尺度变换系数（初始参数）。

5. 遗传操作

进化的每个循环周期，对于从待交配群中随机取出的成对个体，应用精英式的方式复制 re。分别以交叉概率 P_c 和变异概率 P_m 进行交叉操作 cr 和变异操作 mu。对于交叉操作而言，随机选取四个交叉点来进行多点式交叉。由于采用多点交叉方法，每个基因交互的可能性都相同。在变异操作期间，基因型各个位以变异概率 P_m 被随机地进行取反操作。

6.4.3 基于MOGA的算法

1. 问题描述

D矩阵即故障字典，其行代表所有可能的故障（包括无故障情况），而其列代表所有可能的测试（点），（这里，测试点并不是指CUT中的实际节点，而是指所有可能的独立测试。）如果给定测试点，则故障字典的行被称作故障模式。对于给定的测试点，如果两个故障所对应的故障模式彼此不同，则这两个故障是可诊断的。故障诊断就是基于列信息来区分行。从故障诊断的观点来看，测试点选择的目的就是用最少数目的测试点来隔离故障。也就是说，对于最小化以后的测试点而言，所有的故障模式应该是彼此不同的。因此，当选择测试点时，需要满足两个目标：①最大化可区分的行的数目；②最小化下测试点数目。这两个目标是相互矛盾的，而且，两个目标具有不同的重要性，其中最大化可诊断故障数目比最小化测试点数目更重要。最优测试点集合的最小化必须以获取最大化的可诊断故障为前提。也就是说，最小化的测试点集合只有当具有足够的故障诊断能力才是有意义的。如果把可诊断故障数目与所有故障数的比率称为故障诊断率，那么测试点选择就是要获取最大的故障诊断率，同时最小化测试点数目。因此，基于故障字典的测试点选择问题可以看成一个特殊的双目标优化问题来求解。

假设给定 D 矩阵，即故障字典，其行数为 M，分别代表故障，其列数为 N，分别代表测试。如果某个测试点被选中，则定义 $x_i=1$，反之，如果某个测试点没有被选中，则定义 $x_i=0$。决策变量为 $X=(x_1, x_2, \cdots, x_N)$，测试点选择问题可以描述如下的多目标优化：

$$\min(f_1(X), f_2(X)) \tag{6-33}$$

并且给定的偏好为

$$f_1(X) \prec f_2(X) \tag{6-34}$$

其中

$$s.t.\quad x_i \in \{0,1\} \quad i=1,2,\cdots,N \tag{6-35}$$

目标 f_1 为选中测试点的数目：

$$f_1(X)=\sum_{i=1}^{N} x_i \tag{6-36}$$

而目标 f_2 是可诊断的故障数目的负值。这里之所以将 f_2 取为负值，是为了使得优化目标均为最小化，而不是最大化。

$$f_2(X)=-Ndiag \tag{6-37}$$

式中：$Ndiag$ 为可诊断的故障数目。

对于多目标优化而言，比较两个解 X^i 和 X^j 相对较复杂。这里，我们使用部分排序关系，即支配的概念。

定义 1：当且仅当两个解 X^i、X^j 满足如下关系式时，称解 X^i 支配 X^j：

$$\begin{aligned}&\forall k\in[1,2],\ f_k(X^i)\leqslant f_k(X^j)\\&\exists k\in[1,2],\ f_k(X^i)<f_k(X^j)\end{aligned}\tag{6-38}$$

定义 2：如果一个解不被其他可行解支配，则该解称为非支配解，也常将其称为 Pareto 最优解。

在多目标优化过程中，致力寻找的就是非支配解。

所有可能的决策变量 $X=(x_1, x_2, \cdots, x_N)$ 形成了决策空间，而同时，所有可能的两个目标的取值构成了目标空间。

2. 编码

由于测试点选取故障归根到底是在离散空间进行搜索。所以采用二进制编码设计 GA 算法中染色体的编码。采用简单的单倍体基因型结构，染色体长度为 n，即全部测试点的数目。染色体中的某一位为 1 表示相应的测试点被选中，为 0 表示相应的测试点未被选中。

3. 消除冗余的 Pareto 排序

Pareto 排序是很实用的一种排序方法，它是基于 Pareto 支配的概念来评价解的适应度或者为其分配选择概率。整个种群根据支配规则进行 Pareto 排序，然后，每个解被分配一个适应度值，该值是基于解在种群中的 Pareto 排序情况，而不是其实际的目标函数值。注意，这里假设所有的目标都是最小化的。因此，在下面的讨论中，较小的 Pareto 排序对应着较好的解。Pareto 排序技术是由 Kalyanmoy Deb 提出，改进的非支配排序遗传算法（NSGA－Ⅱ算法）采用了 Pareto 排序，但是当父代和子代组成的种群中主要由非支配解构成时，NSGA－Ⅱ算法就变成了纯粹的精英型（elitist)GA，即只有非支配解参与交叉和选择。但是此时，非支配解可能是完全相同的。因此，这将减少了得到新解的机会。这个缺陷可以通过冗余删除算子来克服。当处于 Pareto 前沿时，如果某些个体具有相同的目标值，则在决策空间内对其进行比较，根据比较结果删除那些同时具有相同决策结构的冗余个体。注意：这项操作只对位于 Pareto 前沿的个体进行操作。

4. 组合式群集距离

为了确保在 Pareto－optimal 前沿中解的多样性，NSGA－Ⅱ算法在非支配排序完成之后，为每个个体都分配了一个群集距离。群集距离仅仅赋予 Pareto 前沿中的个体，比较不同 Pareto 沿中的两个个体的群集距离是没有意义的。群集距离的基本思想是在 m 个目标构成的 m 维超平面寻找前沿每两个相邻个体的欧氏距离（euclidian distance）。为保证位于边界的个体总是被选中，它们被赋予无穷大的距离。但是这个群集距离只考虑到目标空间而忽略了决策空间。而实际上，不同决策变量在目标空间中可能具有相同的值。所以群集距离也应该将决策空间考虑进去。新的组合式群集距离定义如下：

$$cd_{obj}+cd_{dec} \tag{6-39}$$

可见，组合式群集距离由两部分组成：cd_{obj} 是目标空间中的群集距离；cd_{dec} 是决策空间中相邻两个个体的欧氏距离。

cd_{obj} 的定义如下：

$$cd_{obj}=\sum_{m=1}^{2}\frac{I(k+1)_m-I(k-1)_m}{f_m^{\max}-f_m^{\min}}\quad k=2,3,\cdots,F-1 \tag{6-40}$$

式中：F 为特定前沿中个体的数目；I（$k+1$）、I（$k-1$）为当前种群的前沿中针对当前个体 $I(k)$ 而言的后一个和前一个个体；$I(k+1)_m$、$I(k-1)_m$ 为第 m 个目标函数值；$f_m^{\max}$ 为第 m 个目标函数的最大值；$f_m^{\min}$ 为第 m 个目标函数的最小值。

cd_{dec} 的定义如下：

$$cd_{dec}=\sqrt{\frac{1}{N}\sum_{i=1}^{N}[I(k+1)-I(k-1)]^2}\quad k=2,3,\cdots,F-1 \tag{6-41}$$

式中：$I(k+1)$、$I(k-1)$ 为当前种群的前沿中针对当前个体 $I(k)$ 后一个和前一个个体；F 是特定前沿中个体的数目；n 表示染色体长度。为保证位于边界的个体总被选中，它们被赋予无穷大的距离值。

5. 选择

一旦对种群中的个体进行了基于非支配的排序，并且赋予了群集距离值，则开始进行选择。选择所使用的规则是经 Pareto 排序后，处于等级小的 Pareto 沿中个体优先选择，另外，处于同一个 Pareto 沿中具有较大群集距离的个体优先选择。

6. 交叉产生多样的子代

交叉算子通过组合两个染色体的特征而产生新的子代。通常，在完成 GA 的过程中，交叉算子起着非常重要的作用。传统的交叉算子并不确保子代染色体与其父代染色体不同。特别地，当两个父代个体的基因非常接近时，比如只有一位不同，此时，传统的交叉算子不能产生不同于其父代的新子代个体。这将继而导致整个算法的早熟性收敛。所以，本章引入一个度量两个父代个体不同程度的新的指标 $Diff$：

$$Diff = \sum_{i=1}^{n}(p1_i - p2_i) \tag{6-42}$$

式中：$p1$、$p2$ 为选出用来进行交叉的两个父代个体。交叉算子的具体步骤如下：

（1）建立子代 $offspring=\phi$；设子代个体数目为 m。

（2）随机选择两个不同的父代个体。

（3）如果 $Diff\geqslant 2$，则在两个父代具有不同基因位中随机选择交叉，否则，重新选择两个父代个体。

（4）如果交叉后得到的两个子代个体不同于当前子代种群中任意一个，则将它们添加到子代种群中。

（5）如果子代种群的规模达到 m，则终止，否则转步骤（2）继续。

因此，交叉算子保证了产生新的子代个体，从而使得子代种群具有足够的多样性，提高 GA 算法的探究搜索能力。

7. 自适应变异

变异是 GA 算法中一项重要操作，目的是提高种群多样性。但有很多时候，变异并没有期望的那样有效，特别是在传统的 GA 算法中。而且，变异率的定义通常都是在计算时间和准确度之间进行折中而定的。此时，采用统一的变异操作，但变异率会导致算法具有不同的效率。为了获得一个更好的变异后子代，分别运行具有不同变异率的相同的变异操作若干次，然后，根据反馈回来的对于所产生后代的评价结果，从中选择最好的一个放入子代中。在评价过程中，本章采用 Matthieu Basseur 提出的简单的自适应变异选择方法来实现自适应地修改变异率：

$$Progress\ (M_i)\ = \frac{R_{I_{Mi}}}{R_I} \tag{6-43}$$

其中，I_{Mi} 是采用变异率 i 进行变异操作后得到的解，I 是变异之前的解，而 $R_?$ 是解的 Pareto 排名。变异率 i 是由用户给定的最小变异率和最大变异率之间以某固定间隔增长的一系列离散值。

在选择出用于变异的父代个体之后，对其应用不同的变异率 i，会产生若干变异子代个体。用所有这些新生成的变异个体代替选中的父代个体，此时的种群称为临时种群，对临时种群进行 Pareto排序，然后计算每个不同变异率 i 所带来的 *progress* 值，选择具有最小 *progress* 值的那个变异子代个体参与下一次 GA 循环的种群。

8. 事后妥协

运行完 GA 算法之后，得到是 Pareto 最优解集。但是当讨论测试点选择时，往往更希望得到一个妥协最优解，而不是 Pareto 最优解的集合。因此，在经过 GA 算法优化之后，需要挑选 Pareto 最优解集中最好的一个解，即妥协最优解。如前所述，两个目标是具有不同偏好的。目标 f_2 的偏好程度优于目标 f_1。所以当在 Pareto

最优解集中选择妥协最优解时，具有最低的目标 f_2 取值的那些解首先被挑出来组成一个集合 $set1$，然后在该集合再挑选具有最低目标 f_1 的解形成一个新的集合 $set2$，并且 $set2$ 的元素个数一定小于等于 $set1$。$set2$ 的每一个元素都可作为一种测试点选择方案。假设只需要一种可能的测试点选择方案，则随意选择 $set2$ 中的一个元素即可作为妥协最优解。本章则设定选择 $set2$ 中的第一个元素作为所求解。

9. 评价与实验结果

基于整数编码的故障字典进行最优点选择的最近研究成果为参考文献[145，151]。本章选择将其作为参照物来说明本章阐述的基于多目标 GA 算法实现测试点选取的有效性及性能，为此所采用模拟滤波器电路图及故障字典与参考文献［145，151］相同。

(1) 模拟滤波器电路图。

实验是在如图 6-9 所示的有源滤波器上进行的。该电路的正常电路参数取值如图所示，激励信号选为 1kHz，4V 的正弦波。为了简单起见，假设有 18 潜在的灾难性故障 catastrophic faults 和 11 个可访问的测试点。整数编码的故障字典构建见表 6-4，所有的实验利用 MATLAB7.0 进行编程。

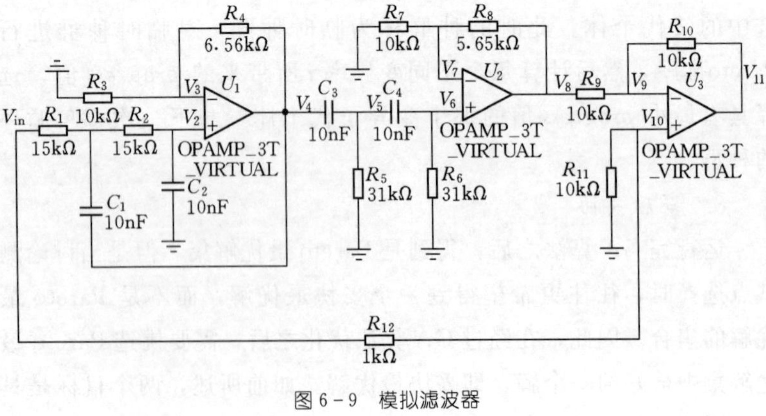

图 6-9　模拟滤波器

表 6-4 模拟滤波器的整数编码故障字典

CUT 状态	测试信号 M_x										
	V_1	V_2	V_3	V_4	V_5	V_6	V_7	V_8	V_9	V_{10}	V_{11}
S_0（NOM）	3	2	2	3	3	3	4	4	1	1	1
S_1（R_1 open）	0	0	0	0	0	0	0	0	1	1	7
S_2（R_1 short）	3	2	2	3	4	3	4	4	1	1	0
S_3（R_2 open）	1	0	0	0	0	0	0	0	1	1	7
S_4（R_2 short）	2	3	3	4	6	5	6	6	1	1	2
S_5（R_3 open）	1	1	1	1	1	1	1	1	1	1	5
S_6（R_4 open）	0	0	0	2	3	2	3	3	1	1	8
S_7（R_5 open）	3	2	2	3	5	4	5	5	1	1	4
S_8（R_5 short）	3	2	2	3	0	0	0	0	1	1	7
S_9（R_6 open）	3	2	2	3	6	6	7	7	1	1	6
S_{10}（R_6 short）	3	2	2	3	2	0	0	0	1	1	7
S_{11}（R_7 open）	3	2	2	3	3	3	4	2	1	1	4
S_{12}（R_7 short）	3	2	2	3	3	2	0	8	5	1	8
S_{13}（R_8 open）	3	2	2	3	3	2	2	8	4	1	8
S_{14}（R_9 open）	3	2	2	3	3	3	4	4	1	1	0
S_{15}（R_9 short）	3	2	2	3	3	3	4	4	2	1	8
S_{16}（R_{10} open）	3	2	2	3	3	3	4	4	3	1	8
S_{17}（R_{11} open）	3	2	2	3	3	3	4	4	2	2	3
S_{18}（R_{12} open）	3	2	2	3	3	3	4	4	0	0	1

测试点优化的进化系统的初始运行参数如下：交叉概率取 0.9，变异概率取 0.08，种群规模为 40，基因长度为 11，最大运行代数为 10。

运行本章算法得到的妥协最优解与参考文献 [145，151]中的完全一致，即 $\{n_1, n_5, n_9, n_{11}\}$。而且，基于 MOGA 找到最优解的速度比基于 GA 要快。找到的最优解集合保证了 100% 的故障可诊断率，并且测试点减少高达 63.6%。

这个例子只能说明本章阐述的方法可以在可接受的时间范围内找到上述电路的全局最优解。如同参考文献[145]所述，如果没有理论上的严密证明来说明非穷举算法的特定优良性能，就必须针对大量故障字典进行统计测试之后，才能得出关于算法计算有效性以及所生成结果的质量评价的结论。

（2）统计实验。

为了通过统计方法来检验本章阐述的基于 MOGA 算法的有效性，随机产生很多故障字典，在其上应用本章算法。除此以外，基于信息熵的方法和基于单目标 GA 算法的方法是此领域较新的研究成果，对上述随机生成的故障字典施加这两种算法，以便用于比较参考。

用于测试的 100 个故障字典都是在假设 CUT 具有 30 个节点，每个节点具有 5 个模糊组的情况下随机生成的。CUT 故障状态的数目为 100。每个故障字典是随机产生的，并且针对每个故障字典，采用穷举法找出所有可能的三测试点（针对该故障字典，理论上能获取 100％故障隔离所必需的最小数量）、四测试点、五测试点的组合。然后，只有那些全局最优解为五个测试点的故障字典作为实验部分的基准测试电路集。

这里，MOGA 参数按照如下方式进行设置：交叉率为 0.9，变异率为 0.08，种群规模为 40，基因长度为 30，最大生成代数为 200。实验结果如表 6-5 和表 6-6 所示。

表 6-5　解的准确性的统计结果

找到的最优测点集合包含测点的数目	不同方法对 100 个故障字典的寻找结果			
	ES	GA	MOGA	EI
5	100	100	100	57
6	0	0	0	40
7	0	0	0	3

注　ES 代表穷举搜索方法；GA 基于单目标的 GA 算法；EI 为基于信息熵的搜索方法。

表 6-6　每个故障字典的计算时间

算　法	GA	MOGA	EI
时间（s）	328.91	51.125	0.23438

由上可见，本章阐述的基于 MOGA 的方法，算法的有效率为 100%，能够找到每个测试故障字典的全局最小解。并且，计算时间大大低于基于单目标的 GA 方法，尽管 EI 方法最快，但是其有效性却相对较低，仅仅为 57%。即，通过 EI 的方法，只能找到 57%的全局最优解，而 43%的情况下则只找到了局部解。并且，由于所有的计算都是离线完成的，相对较多的运算时间是可以接受的。

为了进一步说明，下面比较了基于单目标的 GA 和 MOGA 这两种启发式算法的性能。针对同一个故障字典，分别运行 10 次这两种方法，运行结果如表 6-7 所示。表中数据表示在 10 次中找到最优解的次数。显然，MOGA 的性能更好些。

表 6-7　获得最优解的次数（10 次）

算　法	GA	MOGA
找到最优的次数	7	10

为了进一步验证 MOGA 算法的有效性，随机生成了更大规模的一些故障字典。而且，这些字典是二进制字典。也就是说，最初并没有模糊组信息，因而也使得测试点的选择更困难。针对这类故障字典，分别运行基于单目标的 GA、EI 和 MOGA 三种算法各 5 次，最小测试点选择结果如表 6-8 所示。

表 6-8　针对二进制字典算法有效性统计结果

故障字典的规模	不同方法所能找到的最优测点集包含测点的数目		
	EI	GA	MOGA
200×30	13	11	11
200×40	13	11	11

续表

故障字典的规模	不同方法所能找到的最优测点集包含测点的数目		
	EI	GA	MOGA
200×50	14	11	11
200×60	14	12	11
200×70	16	12	11
200×80	13	13	12
200×90	14	13	12
200×100	15	13	12

尽管最初并不知道最优测试点集合的基数，但是通过不同方法找到的最优测试点的基数显然是不同的。由表 6-8 可见，MOGA 方法更加有效。

6.5 本章小结

在测试空间进行测试性分析的一个重要问题是最优测试点集的选取问题，针对测试点优化选取问题，本章阐述了两种求解算法。

(1) 一种基于多属性评价的图搜索算法来实现测试点的优化选取。采用 A^* 算法进行图节点扩展的过程中，当节点代价函数 $f(x)$ 相等时，利用信息熵、节点中未隔离故障数、可扩展测点数三个属性来描述节点；并在此基础上，采用基于离差最大化的多属性决策方法对各个节点进行评判，确定下一步扩展的节点。从而克服了单一根据信息熵评价节点所造成的偏差，有利于提高算法的准确性。本章最后的仿真验证结果表明：该算法具有与穷举方法相同的准确性，同时运行速度较穷举法要快。

(2) 一种基于 MOGA 实现测试点优化选取的新算法。该算法在非支配解排序时，对 Pareto 前沿中的个体进行了删除冗余处理，以增加获得新解的机会；同时采用组合式群集距离，以确保在 Pareto - optimal前沿中解的多样性。并且对交叉算子和变异算子进行改进，以保证子代种群的探索能力。实验结果表明，本章阐述的算法有效性高，运行时间可接受，而且可能得出不同最优解的组合方案。显然，MOGA 算法在有效性方面不仅优于 EI 算法，而且也比基于单目标的 GA 算法要好。

本章阐述的这两种算法探寻从不同途径解决测试点优化选取问题。前者借助于多属性评价选择局部最优解，而后者则从全局优化的角度进行；前者属于有序搜索，A^* 算法保证图搜索朝着最优解的方向进行，而后者属于随机搜索。

第7章 未来展望

测试性分析对于故障诊断非常重要。本书从特定工程背景出发，结合国内外相关领域的最新发展状况，阐述了电子系统的测试性分析评价的关键问题：测试性建模以及故障空间和测试空间内的固有测试性评估。这方面还存在着很多问题有待进一步探讨。

(1) 在多信号建模过程中，各子系统模块的仿真建模是相对独立进行的，然而各模块之间通常会有相互影响，比如负载效应，因而在建模过程中如何考虑这部分因素的影响还需要进一步研究。

(2) 在分层递阶建立多信号模型的过程中，可达性计算是关键问题，在本书讨论中，子系统可达性计算采用了经典 Floyd - Warshall 算法。针对多信号模型，寻找更好的可达性计算算法是进一步研究的一个重点。

(3) 在故障空间的测试性分析中，本书中的算法尽管在较大规模问题初显优势，但是由于计算机计算速度的限制，在更大规模的问题上还缺乏实验验证。未来研究还需要进一步寻找适合于大型系统的快速有效的最小碰集求解算法。

(4) 测试空间测试性讨论有待进一步扩展，比如在测试点选取过程中哪些测试点是必须要选定的，哪些测试点是一定不选的，哪些测试点是可选可不选的。以及在欠测试情况下，如何根据多信号模型去推荐测试点的选取。这些问题都需要未来同行进一步研究。

智能电网已经上升到国家战略，在未来的智能电网中，随着自动化与智能化程度的提高，必将使用大量计算机、各种智能控制器及智能测量仪表，从而使电力系统的智能化越来越依赖于电子系统。而电子系统的可靠性直接关系到电网的安全运行。因而，保证电子系统的安全可靠至关重要。

SOPC（System on Programmable Chip）技术是现代电子系统的主流设计趋势。SOPC架构下的现代电子系统不仅包括各种硬件IP核（模拟IP/数字IP），通常包括至少一个嵌入式处理器，因此软件成为其不可或缺的一个重要组成部分。在SOPC系统中，软件和硬件是紧密耦合在一起的。软件和硬件任何一部分设计有缺陷，或者两者协调有问题，都将导致整个芯片设计失败。另外一方面，IP核在从核的提供者传递到核的使用者手里时，还没有被制造加工，核的提供者不能测试其产品的制造缺陷，系统设计者在将核嵌入到系统芯片上时相当于完成了核的制造过程，不可避免地会出现各种制造故障。这样，嵌入核的测试必将由核的提供者以及系统集成者来共同完成。这种全新的设计理念带来了完全不同于板上系统的测试约束。不难得知，SOPC架构的电子系统的测试与诊断必将直接影响整个电子设备的安全可靠性。

现代电子系统复杂性决定了分层递阶地进行系统级测试性评价的必然性。另外，由于模拟电路在应用中不可或缺的特性，使得数模混合信号电子系统成为现代电子系统的显著特征，从而意味着测试性评价也将在数模信号统一的大框架下展开。如前所述，现代电子系统以SOPC设计为主流，这样一个软硬件协同工作的复杂系统，必然对测试性评价提出了更加严峻的挑战。可以预见，未来的测试性评价也必将是软硬件协同考虑，综合评价。如何实现软硬件协同建模，成为测试性评价中的关键问题。而大量网络化IP核应用，使得SOPC还将是一个网络密集的系统，因此研究基于网络的分布式电子系统的测试性必然逐渐成为今后的一个研究热点。

另外，目前的测试性指标体系错综复杂，尽管IEEE已经在试图以标准的形式将测试性评价进行统一，但该类标准尚处于适用阶段，仍然需要进行大量的验证和完善工作，需要世界范围内的同行继续探索和研究。

参 考 文 献

[1] Michael G McNamer, Walter W Weber. Chip to System Testability, RL-TR-97-183 Final Technical Report [R]. Research Triangle Institute. October 1997.

[2] Vivekananda M Vedula, Jacob A Abraham. FACTOR: A Hierarchical Methodology for Functional Test Generation and Testability Analysis: Proceedings of the conference on Design, automation and test in Europe, IEEE Computer Society Washington, DC, USA 2002 [C]: 730.

[3] B Stearns. A spacecraft test strategy - From silicon to system with boundary scan: 16th AIAA International Communications Satellite Systems Conference, Technical Papers. Pt. 3 (A96 - 21571 04 - 32), Washington, DC, 1996 [C]: 1344 - 1348. American Institute of Aeronautics and Astronautics.

[4] Cary Champlin. IridiumTM/SM Satellite: A Large System Application of Design for Testability: Proceedings of International Test Conference. IEEE CS Press, October 1993 [C]: 392-298.

[5] 李修杰，詹于杭．模块测试与维护总线 [J]．航空电子技术．2003 (6)，34 (2)：8-16，41.

[6] Simpson W R, Sheppard J W. A hierarchical approach to system-level diagnostics (avionics): 9th Digital Avionics Systems Conference, Proceedings, IEEE/AIAA/NASA, 15-18 Oct 1990 [C]: 254-259.

[7] Josef Strnadel. Testability Analysis And Improvements of Register-Transfer Level Digital Circuits [J]. Computing and Informatics, 2006 (25): 1001-1024.

[8] Strnadel J. Normalized Testability Measures Based on RTL Digital Circuit Graph Model Analysis: Proceedings of The fifth International Scientific Conference Electronic Computers and Informatics, Kosice, SK, TU v Kosiciach, 2002 [C]: 200-205.

[9] Strnadel J, Kotásek Z. Testability Improvements Based on the Combination of Analytical and Evolutionary Approaches at RT Level: DSD'2002: Proceedings of Euromicro Symposium on Digital System Design Architectures, Methods and Tools, Los Alamitos, US, ICSP, 2002 [C]: 166-173.

[10] J E Stephenson, J Grason. A testability measure for register transfer level digital circuits: in Proc. Int. Symp. Fault Tolerant Computing (FTCS), Pittsburgh, PA, June 1976 [C]: 101-107.

[11] J Grason. TMEAS—a testability measurement program: in Proc. IEEE/ACM Design Automation Conf. (DAC), 1979 [C]: 156-161.

[12] L H Goldstein. Controllability/observability analysis for digital circuits [J]. IEEE Trans. Circuits and Systems, 1979, 26 (9): 685-693.

[13] P G Kovijanic. Testability analysis: in Proc. IEEE Semiconductor Test Conf, 1979 [C]: 310-316.

[14] P G Kovijanic. Computer-aided testability analysis: in Proc IEEE Autotestcon, 1979 [C]: 292-294.

[15] R G Bennetts, C M Maunder, G D Robinson. CAMELOT: a computer-aided measure for logic testability: IEE Proc. 1981 [C]: Pt. E, 128 (5): 177-189.

[16] R G Bennetts. Design of Testable Logic Circuits [M]. Addison-Wesley, Reading, MA, 1984.

[17] I M Ratiu. A Sangiovanni-Vincentelli, D O Pederson. VICTOR: a fast VLSI testability analysis program: in Proc. Int. Test Conf. (ITC), Philadelphia, PA, Nov. 1982 [C]: 397-401.

[18] W C Berg, R C Hess. COMET: a testability analysis and design modification package: in Proc. Int. Test Conf. (ITC). Philadelphia PA, Nov. 1982 [C]: 364-378.

[19] S K Jain, V D Agarwal. Statistical fault analysis [J]. IEEE Design & Test of Computers, 1985 (2): 38-44.

[20] S C Seth, L Pan, V D Agarwal. Predict-probabilistic estimation of digital circuit testability: In Fault Tolerant Computing Symposium Digest of Papers, 1985 [C]: 220-225.

[21] Seth S C, Agrawal V D, Farhat H. A statistical theory of digital circuit testability [J]. IEEE Transactions on Computers, 1990, 39 (4): 582-586.

[22] J Raik, T Nommeots, R Ubar. A New Testability Calculation Method to Guide RTL Test Generation [J]. JOURNAL OF ELECTRONIC TESTING: Theory and Applications, 2005 (21): 71 - 82.

[23] K P Parker, E J McCluskey. Probabilistic Treatment of General Combinational Networks [J]. IEEE Trans on Computers, 1975, C - 24 (6): 668 - 670.

[24] Kaminska M O, Kulak E N, Guz O A. Probabilistic Testability Measure Before Pseudorandom Test Generation: MIXDES 2006: Mixed Design of Integrated Circuits and System, Proceedings of the International Conference, June 2006 [C]: 591 - 594.

[25] Mao W, Ciletti M D. Dytest: A Self - Learning Algorithm Using Dynamic Testability Measures to Accelerate Test Generation: DAC' 88: Proceedings of the 25th ACM/IEEE Conference on Design Automation, Anaheim, CA, 1988 [C]: 591 - 596.

[26] Kamiura N, Isokawa T, Matsui N. PODEM based on static testability measures and dynamic testability measures for multiple - valued logic circuits: ISMVL 2002: Multiple - Valued Logic, Proceedings 32nd IEEE International Symposium on, May 2002 [C]: 149 - 155.

[27] C H CHEN, P R MENON. An Approach to Functional Level Testability Analysis: IEEE International Test Conference 1989 [C]: 373 - 380.

[28] C ROBACH, P MALECHA, G MICHEL. CATA: a Computer Aided Test Analysis System [J]. IEEE Design and Test of Computers, 1984, 1 (2): 68 - 79.

[29] K THEARLING, J ABRAHAM. An Easily Computed Functional Level Testability Measure: Test Conference, Proceedings. Meeting the Tests of Time, International, 29 - 31 Aug 1989 [C]: 381 - 390.

[30] M Gentil, D Crestani, A Rhalibi, C Durante. A New High Level Testability Measure: Description and Evaluation: Proc. VLSI Test Symposium, 1994 [C]: 421 - 426.

[31] Ravikumar C P, Saund G S, Agrawal N. A STAFAN - like functional testability measure for register - level circuits: Test Symposium, Proceedings of the Fourth Asian, 23 - 24 Nov. 1995 [C]: 192 - 198.

[32] Ravikumar C P, Joshi H. HISCOAP: a hierarchical testability analysis tool: VLSI Design, Proceedings of the 8th International Conference

on, 4 - 7 Jan. 1995 [C]: 272 - 277.

[33] Ghosh I, Raghunathan A, Jha N K. A design for testability technique for RTL circuits using control/data flow extraction: ICCAD - 96: Computer - Aided Design, Digest of Technical Papers, IEEE/ACM International Conference on, Nov. 1996 [C]: 329 - 336.

[34] Ghosh I, Raghunathan A, Jha N K. A design - for - testability technique for register - transfer level circuits using control/data flow extraction [J]. IEEE Transactions on Computer - Aided Design of Integrated Circuits and Systems, 1998, 17 (8): 706 - 723.

[35] Ravi S, Jha N K, Lakshminarayana G. TAO - BIST: a framework for testability analysis and optimization of RTL circuits for BIST: VLSI Test Symposium, Proceedings. 17th IEEE, 25 - 29 April 1999 [C]: 398 - 406.

[36] Ravi S, Lakshminarayana G, Jha N K. TAO: regular expression - based register - transfer level testability analysis and optimization [J]. IEEE Transactions on Very Large Scale Integration (VLSI) Systems, 2001 (12), 9 (6): 824 - 832.

[37] Chung - Hsing Chen, Saab D G. A Novel Behavioral Testability Measure [J]. IEEE Transactions on Computer - Aided Design of Integrated Circuits and Systems, 1993 (12), 12 (12): 1960 - 1970.

[38] Kaufman M, Sheppard J. P1522: a formal standard for testability and diagnosability measures: AUTOTESTCON'99: IEEE Systems Readiness Technology Conference, 30 Aug. - 2 Sept. 1999 [C]: 411 - 418.

[39] P Camurati, A Lioy, P Prinetto. Diagnosis oriented test pattern generation: In Proceedings of European Design Automation Conference, 1990 [C]: 470 - 474.

[40] Ravikumar C P, Sharma M, Patney R K. Improving the diagnosability of digital circuits: VLSI Design, Proceedings, Twelfth International Conference On, 7 - 10 Jan. 1999 [C]: 629 - 634.

[41] Slamani M, Kaminska B. Fault observability analysis of analog circuits in frequency domain [J]. IEEE Transactions on Circuits and Systems II: Analog and Digital Signal Processing [see also Circuits and Systems II: Express Briefs, IEEE Transactions on] 1996 (2), 43 (2): 134 - 139.

[42] G Temes. Efficient method of fault simulation: presented at the 20th

Midwest Symp. Circuits and Systems, Texas Tech. Univ. Lubbock, Aug. 1977 [C]: 191-194.

[43] W J Dejka. A review of measures of testability for analog systems. presented at the AUTOTESTCON, Hyannis, Mass., November 2-4, 1977 [C]: 279-284.

[44] Priester R, Clary J. New measures of testability and test complexity for linear analog failure analysis [J]. IEEE Transactions on Circuits and Systems, 1981 (11), 28 (11): 1088-1092.

[45] Bitner J, Jain J, Abraham J A. Analysis and improvement of testability measure approximation algorithms: Test Symposium, Proceedings of the Third Asian, 15-17 Nov. 1994 [C]: 189-194.

[46] Sen N, Saeks R. Fault diagnosis for linear systems via multifrequency measurements [J]. IEEE Transactions on Circuits and Systems, 1979 (7), 26 (7): 457-465.

[47] Chen H, Saeks R. A search algorithm for the solution of the multifrequency fault diagnosis equations [J]. IEEE Transactions on Circuits and Systems, 1979 (7), 26 (7): 589-594.

[48] Iuculano G, Liberatore A, Manetti S. Multifrequency measurement of testability with application to large linear analog systems [J]. IEEE Transactions on Circuits and Systems, 1986 (6), 33 (6): 644-648.

[49] M Catelani, G Iuculano, A Liberatore. Improvements to numerical testability evaluation [J]. IEEE Transaction on Instrument and Measurement, 1987, 36 (12): 902-907.

[50] Michael G, McNamer H, Troy Nagle. ITA: an algorithm for IDDQ testability analysis [J]. Journal of Electronic Testing: Theory and Applications, 1996 (6), 8 (3): 287-298.

[51] Hemink G J, Meijer B W, Kerkhoff H G. Testability analysis of analog systems [J]. IEEE Transactions on Computer-Aided Design of Integrated Circuits and Systems, 1990 (6), 9 (6): 573-583.

[52] Carmassi R, Catelani M, Iuculano G. Analog network testability measurement: a symbolic formulation approach [J]. IEEE Transactions on Instrumentation and Measurement, 1991 (12), 40 (6): 930-935.

[53] Fedi G, Manetti S, Piccirilli M C. Determination of an optimum set of testable components in the fault diagnosis of analog linear circuits [J]. IEEE Transactions on Circuits and Systems I: Fundamental Theory and

Applications [see also Circuits and Systems I: Regular Papers, IEEE Transactions on], 1999 (7), 46 (7): 779 - 787.

[54] Fedi G, Giomi R, Luchetta A. On the application of symbolic techniques to the multiple fault location in low testability analog circuits [J]. IEEE Transactions on Circuits and Systems II: Analog and Digital Signal Processing [see also Circuits and Systems II: Express Briefs, IEEE Transactions on], 1998 (10), 45 (10): 1383 - 1388.

[55] Liberatore A, Manetti S, Piccirilli M C. A new efficient method for analog circuit testability measurement: IMTC/94: Instrumentation and Measurement Technology Conference, Conference Proceedings. 10th Anniversary. Advanced Technologies in I & M., 10 - 12 May 1994 [C]: vol 1, 193 - 196.

[56] Tao Pi, Shi D - J R. Analog testability analysis by determinant - decision - diagrams based symbolic analysis: Design Automation Conference, Proceedings of the ASP - DAC 2000. Asia and South Pacific, 25 - 28 Jan. 2000 [C]: 541 - 546.

[57] C - J Shi, X - D Tan. Symbolic analysis of large analog circuits with determinant decision diagrams: ICCAD′97: in Proc. IEEE/ACM International Conference on Computer - Aided Design, San Jose, CA, 1997 [C]: 366 - 373.

[58] Stenbakken G N, Souders T M, Stewart G W. Ambiguity groups and testability [J]. IEEE Transactions on Instrumentation and Measurement, 1989 (10), 38 (5): 941 - 947.

[59] Starzyk J A, Pang J, Manetti S. Finding ambiguity groups in low testability analog circuits [J]. IEEE Transactions on Circuits and Systems I: Fundamental Theory and Applications [see also Circuits and Systems I: Regular Papers, IEEE Transactions on], 2000 (8), 47 (8): 1125 - 1137.

[60] Manetti S, Piccirilli M C. A singular - value decomposition approach for ambiguity group determination in analog circuits [J]. IEEE Transactions on Circuits and Systems I: Fundamental Theory and Applications [see also Circuits and Systems I: Regular Papers, IEEE Transactions on], 2003 (4), 50 (4): 477 - 487.

[61] Hasan Albustani. modeling methods for testability analysis of analog integrated circuits based on pole - zero analysis [D] [DB/MT], Phd The-

sis; deposit. ddb. de/cgi - bin/dokserv? idn=972305173&dok _ var=d1&dok _ ext=pdf&filename=972305173. pdf.

[62] Cannas B, Fanni A, Montisci A. Testability evaluation for analog linear circuits via transfer function analysis: ISCAS 2005: Circuits and Systems, IEEE International Symposium on, 23 - 26 May 2005 [C]. vol. 2: 992 - 995.

[63] Huynh S D, Seongwon Kim, Soma M. Testability analysis and multi - frequency ATPG for analog circuits and systems: ICCAD 98: IEEE/ACM International Conference on Computer - Aided Design, 1998 [C]: 376 - 383.

[64] Huynh S D, Seongwon Kim, Soma M. Automatic analog test signal generation using multifrequency analysis [J]. IEEE Transactions on Circuits and Systems II: Analog and Digital Signal Processing [see also Circuits and Systems II: Express Briefs, IEEE Transactions on], 1999 (5), 46 (5): 565 - 576.

[65] Soma M, Huynh S, Zhang J. Hierarchical ATPG for analog circuits and systems [J]. Design & Test of Computers, IEEE, 2001 (1 - 2), 18 (1): 72 - 81.

[66] H G Kerkhoff, A van de Kraats. Mixed - Signal Testability Analysis for Data - Converter IPs: in Proc. 16th Workshop on Circuits, Systems and Signal Processing, Veldhoven, The Netherlands, November 2005 [C]: 524 - 529.

[67] M Stancic, H G Kerkhoff. Test generation for mixed - signal circuits using testability analysis: ETW02: Int proceedings of the 7th European Test Workshop, 2002 [C]: 249 - 254.

[68] M Stancic, H G. Kerkhoff. Testability - Analysis Driven Test - Generation of Analogue Cores [J]. Microelectronics Journal (MEJO), 2003 (10), 34 (10), ISSN 0026 - 2692: 913 - 917.

[69] C - L Wey. Design of testability for analog fault diagnosis [J]. Int J Circuit Theory Appl, 1987, 15 (2): 123 - 142.

[70] C L Wey, R Saeks. On the Implementation of an Analog ATPG: The Nonlinear Case [J]. IEEE Transactions on Instru. and Measure., 1988, IM - 37: 252 - 258.

[71] C L Wey. A Searching Approach Self - testing Algorithm for Analog Fault Diagnosis: in Testing and Diagnosis of Analog Circuits and Systems [M]. edited by R - W Liu, North - Holland, 1991: 147 - 186.

[72] Chung Kin Ho, Shepherd P R, Eberhardt F. Hierarchical fault diagnosis of analog integrated circuits [J]. Circuits and Systems I: Fundamental Theory and Applications, IEEE Transactions on [see also Circuits and Systems I: Regular Papers, IEEE Transactions on], 2001 (8), 48 (8): 921-929.

[73] Bandler J W, Salama A E. Fault diagnosis of analog circuits: Proceedings of the IEEE, Aug. 1985 [C]: 73 (8): 1279-1325.

[74] Wei-Hsing Huang, Chin-Long Wey. Test points selection process and diagnosability analysis of analog integrated circuits: ICCD'98: International Conference on Computer Design: VLSI in Computers and Processors, 1998 [C]: 582-587.

[75] W Huang, C-L Wey. Diagnosability analysis of analog integrated circuits [J]. Int J Circuit Theory Appl, 1998, 26 (5): 439-451.

[76] Duhamel P, Rault J. Automatic test generation techniques for analog circuits and systems: A review [J]. IEEE Transactions on Circuits and Systems, 1979 (7), 26 (7): 411-440.

[77] Feng Lin, Markee J, Rado B. Design and test of mixed signal circuits: a discrete-event approach: Decision and Control, Proceedings of the 32nd IEEE Conference on, 15-17 Dec. 1993 [C]: 217-222.

[78] Feng Lin, Lin T W. Diagnosability of discrete event systems and its applications to circuit testing: Circuits and Systems, Proceedings of the 36th Midwest Symposium on 16-18 Aug 1993 [C]: 344-347.

[79] C G Cassandras, S Lafortune, G J Olsder. Introduction to the modelling, control and optimization of discrete event systems [M], A. Isidori (Ed.), Trends in control-A European perspective, Springer, Berlin, 1995: 217-292.

[80] Shengbing Jiang, Zhongdong Huang, Chandra V. A polynomial algorithm for testing diagnosability of discrete-event systems [J]. IEEE Transactions on Automatic Control, 2001 (8), 46 (8): 1318-1321.

[81] Fei Xue, Da-Zhong Zheng. Diagnosability for discrete event systems based on Petri net language: ICARCV 2004: Control, Automation, Robotics and Vision Conference, 2004. 6-9 Dec. 2004 [C]: 2111-2116.

[82] Paoli A, Lafortune S. Safe diagnosability of discrete event systems: 42nd IEEE Conference on Decision and Control, Proceedings, 9-12 Dec. 2003 [C]: 2658-2664.

[83] Sampath M, Sengupta R, Lafortune S. Diagnosability of discrete - event systems [J]. IEEE Transactions on Automatic Control, 1995 (9), 40 (9): 1555 - 1575.

[84] Bavishi S, Chong E K P. Testability analysis using a discrete event systems framework: American Control Conference, Proceedings of the Volume 4, 21 - 23 June 1995 [C]: 2621 - 2625.

[85] Lu Changhua, Zhang Qibo, Jiang Weiwei. A global optimization algorithm for the minimum test set of circuits: IEEE International Conference on Robotics, Intelligent Systems and Signal Processing, 8 - 13 Oct. 2003 [C]: 1203 - 1207.

[86] Shengbing Jiang, Kumar R, Garcia H E. Optimal sensor selection for discrete - event systems with partial observation [J]. IEEE Transactions on Automatic Control, 2003 (3), 48 (3): 369 - 381.

[87] Simpson W R, Sheppard J W. System complexity and integrated diagnostics [J]. Design & Test of Computers, IEEE, 1991 (9), 8 (3): 16 - 30.

[88] Sheppard J W, Simpson W R. Integrated diagnosis - a hierarchical approach: AUTOTESTCON' 90: IEEE Systems Readiness Technology Conference, Advancing Mission Accomplishment, Conference Record. 17 - 21 Sept. 1990 [C]: 477 - 483.

[89] Ralph DePaul. Logic modeling as a tool for testability: proceedings of the IEEE AUTOTESTCON, New York, IEEE Press, 1985 [C]: 203 - 207.

[90] Yun Peng, James A Reggia. Abductive Inference Models for Diagnostic Problem - Solving [M]. New York: Springer - Verlag. 1990.

[91] Keiner W L. A Navy approach to integrated diagnostics: AUTOTESTCON'90: IEEE Systems Readiness Technology Conference, Advancing Mission Accomplishment, Conference Record, 17 - 21 Sept. 1990 [C]: 443 - 450.

[92] Testability Through STAT [A]. Detex Systems, Inc. 1990. internal documentation.

[93] Franco J R. Experiences gained using the Navy's IDSS weapon system testability analyzer: AUTOTESTCON' 88: IEEE International Automatic Testing Conference, Futuretest, Symposium Proceedings, 4 - 6 Oct. 1988 [C]: 129 - 132.

[94] Anthony Magliero. ADS - The IDSS Adaptive Diagnostic System: Proceedings of the IEEE AUTOTESTCON, New York: IEEE Press, 1987 [C]: 61-64.

[95] Cross S, Estrada R. DART: an example of accelerated evolutionary development: Rapid System Prototyping, Shortening the Path from Specification to Prototype, Proceedings, Fifth International Workshop on, 21-23 June 1994 [C]: 177-183.

[96] Beniaminy I, Ben-Bassat M, Bodenheimer M. Experience in diagnosing a remote, tele-controlled unit using the AITEST expert system: Test Conference, Proceedings, International, 17-21 Oct. 1993 [C]: 37-44.

[97] Simpson W R, Sheppard J W. System testability assessment for integrated diagnostics [J]. Design & Test of Computers, IEEE, 1992 (3), 9 (1): 40-54.

[98] Sheppard J W, Simpson W R. Applying testability analysis for integrated diagnostics [J]. Design & Test of Computers, IEEE, 1992 (9), 9 (3): 65-78.

[99] Simpson W R, Sheppard J W. Fault isolation in an integrated diagnostic environment [J]. Design & Test of Computers, IEEE, 1993 (3), 10 (1): 52-66.

[100] Sheppard J W, Simpson W R. Multiple failure diagnosis: AUTOTESTCON′94: IEEE Systems Readiness Technology Conference, Cost Effective Support Into the Next Century, Conference Proceedings, 20-22 Sept 1994 [C]: 381-389.

[101] Sheppard J W. Maintaining diagnostic truth with information flow models: AUTOTESTCON′96: Test Technology and Commercialization, Conference Record 16-19 Sept 1996 [C]: 447-454.

[102] Simpson W R, Sheppard J W. Partitioning large diagnostic problems: AUTOTESTCON′91: IEEE Systems Readiness Technology Conference. Improving Systems Effectiveness in the Changing Environment of the′90s, Conference Record, 09/24/1991-09/26/1991, Location: Anaheim, CA, USA [C]: 329-335.

[103] Valinevicius A, Zilys M, Eidukas D. Information flow model of integrated security system: Information Technology Interfaces, 26th International Conference on, 2004 [C]: 567-572.

[104] Haynes L, Kelley B, Chujen Lin, et al. Automatic dependency model generator for mixed - signal circuits [C]. AUTOTESTCON′98: IEEE Systems Readiness Technology Conference., 24 - 27 Aug. 1998: 91 - 96.

[105] Nair R, Chujen Lin, Haynes L. Automatic dependency model generation using SPICE event driven simulation: AUTOTESTCON′96: Test Technology and Commercialization, Conference Record, 16 - 19 Sept 1996 [C]: 318 - 328.

[106] Kan Zhang. A theory for system security: Computer Security Foundations Workshop, Proceedings, 10th, 10 - 12 June 1997 [C]: 148 - 155.

[107] Hilberth K R. Dependency modeling as an input to MIL - STD TRD/TPS development: AUTOTESTCON′95:′ Systems Readiness: Test Technology for the 21st Century′. Conference Record, 8 - 10 Aug 1995 [C]: 552 - 555.

[108] Chujen Lin, Hayes L, Malais A. A new dependency model based testability analyzer: AUTOTESTCON′98: IEEE Systems Readiness Technology Conference, IEEE, 24 - 27 Aug 1998 [C]: 187 - 191.

[109] Simpson W R, Sheppard J W. Dependency modelling pitfalls: AUTOTESTCON′94: IEEE Systems Readiness Technology Conference, Cost Effective Support Into the Next Century, Conference Proceedings, 20 - 22 Sept 1994 [C]: 717 - 720.

[110] Sheppard J W, Simpson W R. A mathematical model for integrated diagnostics [J]. Design & Test of Computers, IEEE, 1991 (12), 8 (4): 25 - 38.

[111] Deb S, Pattipati K R, Raghavan V. Multi - signal flow graphs: a novel approach for system testability analysis and fault diagnosis [J]. Aerospace and Electronic Systems Magazine, IEEE, 1995 (5), 10 (5): 14 - 25.

[112] Pattipati K R, Dontamsetty M. Test sequencing in modular systems: Systems, Man and Cybernetics, Conference Proceedings, IEEE International Conference on, 14 - 17 Nov 1989 [C]: 1221 - 1223.

[113] Pattipati K R, Alexandridis M G. Application of heuristic search and information theory to sequential fault diagnosis [J]. IEEE Transactions on Systems, Man and Cybernetics, 1990 (7 - 8), 20 (4): 872 - 887.

[114] Pattipati K R, Dontamsetty M. On a generalized test sequencing problem Systems [J]. IEEE Transactions on Man and Cybernetics, 1992 (3-4), 22 (2): 392-396.

[115] Raghavan V, Shakeri M, Pattipati K R. Test sequencing problems arising in test planning and design for testability [J]. IEEE Transactions on Systems, Man and Cybernetics, Part A, 1999 (3), 29 (2): 153-163.

[116] Shakeri M, Pattipati K R, Raghavan V. Near-optimal sequential testing algorithms for multiple fault isolation: Systems, Man, and Cybernetics, Humans, Information and Technology, IEEE International Conference on, Volume 2, 2-5 Oct 1994 [C]: 1908-1913.

[117] Shakeri M, Raghavan V, Pattipati K R. Sequential testing algorithms for multiple fault diagnosis [J]. IEEE Transactions on Systems, Man and Cybernetics, Part A, 2000 (1), 30 (1): 1-14.

[118] Kalyanmoy Deb, Amrit Pratap. A Fast Elitist Multiobjective Genetic Algorithm: NSGA-II [J]. IEEE Transactions on Evolutionary Computation, 2002, 6 (2): 182-197.

[119] Raghavan V, Shakeri M, Pattipati K. Test sequencing algorithms with unreliable tests [J]. IEEE Transactions on Systems, Man and Cybernetics, Part A, 1999 (7), 29 (4): 347-357.

[120] Raghavan V, Shakeri M, Pattipati K. Optimal and near-optimal test sequencing algorithms with realistic test models [J]. IEEE Transactions on Systems, Man and Cybernetics, Part A, 1999 (1), 29 (1): 11-26.

[121] M Basseur. Adaptive mechanisms for multi-objective evolutionary algorithms: CESA'03: in IMACS multiconference, Computational Engineering in Systems Applications, IEEE Service Center, Piscataway, New Jersey, July, 2003 [C]: 72-86.

[122] Fang Tu, Pattipati K R. Rollout strategies for sequential fault diagnosis [J]. IEEE Transactions on Systems, Man and Cybernetics, Part A, 2003 (1), 33 (1): 86-99.

[123] Sui Ruan, Fang Tu, Pattipati K R. On a multimode test sequencing problem [J]. IEEE Transactions on Systems, Man and Cybernetics, Part B, 2004 (6), 34 (3): 1490-1499.

[124] 龙兵. 基于多信号流的诊断研究 [D]. 哈尔滨：哈尔滨工业大

学．2004.

[125] Sen S，Nath S S，Malepati V N，Pattipati K R. Simulation - based testability analysis and fault diagnosis：AUTOTESTCON′96：Test Technology and Commercialization，Conference Record，16 - 19 Sept 1996［C］：136 - 148.

[126] Deb S，Ghoshal S，Mathur A. Multisignal modeling for diagnosis，FMECA，and reliability：Systems，Man，and Cybernetics，IEEE International Conference on，Volume 3，11 - 14 Oct 1998［C］：3026 - 3031.

[127] Deb S，Pattipati K R，Shrestha R. QSI′s integrated diagnostics toolset：AUTOTESTCON′97：IEEE Autotestcon Proceedings，22 - 25 Sept 1997［C］：408 - 421.

[128] Ann Patterson - Hine，William Hindson，Dwight Sanderfer. A Model - based Health Monitoring and Diagnostic System for the UH - 60 Helicopter［A］：Americal Helicopter Society 57th Annual Forum，Washington，DC，May 9 - 11，2001.

[129] Reiter R. A theory of diagnosis from first principles［J］. Artificial Intelligence，1987（4），32（1）：57 - 95.

[130] Greiner R，Smith B A，Wilkerson R W. A correction to the algorithm in Reiter′s theory of diagnosis［J］. Artificial Intelligent，1989，41（1）：79 - 88.

[131] Wotawa F. A variant of Reitor′s hitting set algorithm［J］. Information Processing Letter，2001（79）：45 - 51.

[132] 姜云飞，林笠．用对分 HS-树计算最小碰集［J］．软件学报，2002，13（12）：2267 - 2274.

[133] Zhao xiangfu，Ouyang Dantong. A method of combining SE - tree to compute all minimal hitting sets［J］. Progress in Natural Science，2006，16（2）：169 - 174.

[134] 赵相福，等．基于模型的诊断中产生所有极小冲突集的新方法［J］．吉林大学学报（工学版），2007（3），37（2）：413 - 418.

[135] 林笠．基于模型诊断中用逻辑数组计算最小碰集［J］．暨南大学学报（自然科学版），2002，23（1）：22 - 27.

[136] 姜云飞，林笠．用布尔代数方法计算最小碰集［J］．计算机学报，2003，26（8）：919 - 924.

[137] Li Lin，Yunfei Jiang. The computation of hitting sets：Review and

new algorithms [J]. Information Process Letters, 2003, 86 (4): 177 - 184.

[138] Cincotti A, Cutello V, Pappalardo F. An ant - algorithm for the weighted minimum hitting set problem: SIS'03: Swarm Intelligence Symposium, Proceedings of the 2003 IEEE, 24 - 26 April 2003 [C]: 1 - 5.

[139] Lin L, Jiang Y F. Computing minimal hitting sets with genetic algorithm: In Proceedings of the 13th International Workshop on Principles of Diagnosis, Austria, 2002 [C]: 77 - 80.

[140] Amir Fijany. Novel model - based diagnosis approaches for advanced IVHM systems. [EB/OL] trs - new. jpl. nasa. gov/dspace/bitstream/2014/12069/1/02 - 0898. pdf.

[141] Fijany A, Vatan F. New approach for efficient diagnosis of large and complex space systems: RAST 2005: Recent Advances in Space Technologies, Proceedings of 2nd International Conference on, Publication Date: 9 - 11 June 2005 [C]: 271 - 276.

[142] Rymon R. Search through systematic set enumeration: Proceedings of the 3rd International Conference on Principles of Knowledge Representation and Reasoning, Cambridge, MA, 1992 [C]: 539 - 550.

[143] Jinyan Zhang, Huynh S. A test point insertion algorithm for mixed - signal circuits: VLSI Test Symposium, Proceedings, 17th IEEE, 25 - 29 April 1999 [C]: 319 - 324.

[144] Pinjala K K, Kim B C. An approach for selection of test points for analog fault diagnosis: Defect and Fault Tolerance in VLSI Systems, Proceedings, 18th IEEE International Symposium on, 3 - 5 Nov 2003 [C]: 287 - 294.

[145] Starzyk J A, Dong Liu, Zhi - Hong Liu. Entropy - based optimum test points selection for analog fault dictionary techniques [J]. IEEE Transactions on Instrumentation and Measurement, 2004 (6), 53 (3): 754 - 761.

[146] 胡政，温熙森. 可测试性技术中的图论问题及其求解 [J]. 国防科技大学学报，2000，22 (6)：105 - 108.

[147] 刘冠军，易晓山. 计算机辅助测试性设计中的测试性改善最大化问题研究 [J]. 计算机工程与应用，2002，(17)：16 - 17，51.

[148] 刘冠军，温熙森. 基于边界扫描的电路板测试性优化设计 [J]. 计算

机工程与科学，2002，24 (2)：73 - 76.

[149] Hochwald W，Bastian J. A dc approach for analog fault dictionary determination [J]. IEEE Transactions on Circuits and Systems，1979 (7)，26 (7)：523 - 529.

[150] V C Prasad，N S C Babu. selection of test nodes for analog fault diagnosis in dictionary approach [J]. IEEE trans. Instrum. Meas.，2000 (12)，49：1289 - 1297.

[151] Golonek T，Rutkowski J. Genetic - Algorithm - Based Method for Optimal Analog Test Points Selection [J]. Circuits and Systems Ⅱ：Express Briefs，IEEE Transactions on，2007 (2)，54 (2)：117 - 121.

[152] Arabi K，Kaminska B. Parametric and catastrophic fault coverage of analog circuits in oscillation - test methodology：VLSI Test Symposium，15th IEEE，27 April - 1 May 1997 [C]：166 - 171.

[153] Chakrabarty S，Rajan V，Ying J. A virtual test - bench for analog circuit testability analysis and fault diagnosis：AUTOTESTCON′98：IEEE Systems Readiness Technology Conference，24 - 27 Aug 1998 [C]：337 - 352.

[154] Maroufi W，Marzouki M. System testability evaluation with STA：ICM′98：Microelectronics，Proceedings of the Tenth International Conference on，1998 [C]：79 - 81，82b.

[155] Y Le Traon，C Robach. Testability analysis of co - designed systems：ATS′95：Asian Test Symposium，1995 [C]：206.

[156] 卢开澄，卢华明. 图论及其应用（第二版）[M]. 北京：清华大学出版社，1995：23，90 - 94.

[157] A flexible toolset for any aftermarket service application，[EB/OL]，http：//www. teamqsi. com/apps. html，2009 - 10 - 19.

[158] Bing Long，Shulin Tian，Houjun Wang. Modified Diagnosis Algorithms Based on Multisignal Model and Application in Circuit Boards：ICCCAS 2007：Communications，Circuits and Systems，International Conference on，July 2007 [C]：1168 - 1171.

[159] 杨智勇，许爱强，牛双诚. 基于多信号模型的系统测试性建模与分析 [J]. 工程设计学报，2007 (5)，14 (5)：364 - 368.

[160] 徐泽水. 不确定多属性决策方法及应用 [M]. 北京：清华大学出版社，2004.

[161] Nilsson N J. Principles of Artificial Intelligence [M]. Palo Alto, California: Tioga Publishing Company, 1980.

[162] Azam M S, Fang Tu, Pattipati K R. dependency model - based approach for identifying and evaluating power quality problems [J]. IEEE Transactions on Power Delivery, 2004 (7), 19 (3): 1154 - 1166.

[163] Fang Tu, Pattipati K R, Deb S. Computationally efficient algorithms for multiple fault diagnosis in large graph - based systems [J]. Systems, Man and Cybernetics, Part A, IEEE Transactions on, 2003 (1), 33 (1): 73 - 85.

[164] Mathur A, Deb S, Pattipati K R. Modeling and real - time diagnostics in TEAMS - RT: American Control Conference, Proceedings of the 1998, Volume 3, 24 - 26 June 1998 [C]: 1610 - 1614.

[165] MacDiarmid Preston, Morris Seymour. Reliability Toolkit: Commercial Practices Edition [R]. Reliability Analysis Center and Rome laboratory, Rome, New York, 1995.

[166] Z Michalewicz. genetic algorithms + data structures = evolution programs [M]. Springer, new york, 1998.

[167] 杨成林，基于启发式图搜索的最小测试点集优选新算法 [J]. 仪器仪表学报，2008 (12)，29 (12)：2497 - 2503.

[168] Chenglin Yang. Application of Heuristic Graph Search to Test - Point Selection for Analog Fault Dictionary Techniques [J]. IEEE Transactions on Instrumentation and Measurement, 2009 (7), 58 (7): 2145 - 2158.